职业教育本科土建类专业融媒体系列教材
浙江省普通高校"十三五"新形态教材

装配式混凝土结构构件施工

钱科洋　主编
付敏娥　副主编

中国建筑工业出版社

图书在版编目（CIP）数据

装配式混凝土结构构件施工 / 钱科洋主编；付敏娥
副主编. — 北京：中国建筑工业出版社，2022.10
职业教育本科土建类专业融媒体系列教材 浙江省普
通高校"十三五"新形态教材
ISBN 978-7-112-27707-0

Ⅰ. ①装… Ⅱ. ①钱… ②付… Ⅲ. ①装配式混凝土
结构-装配式构件-建筑安装-高等学校-教材 Ⅳ.
①TU37

中国版本图书馆 CIP 数据核字（2022）第 141533 号

本教材是职业教育本科土建类专业融媒体系列教材、浙江省普通高校"十三
五"新形态教材，以培养学生具有装配式混凝土结构施工能力为目标，教材编写
以任务化模块开展，较为全面地讲述装配式混凝土结构工程施工特点、PC 施工条
件准备、装配式混凝土结构工程施工方案、剪力墙吊装施工、框架柱吊装施工、
叠合梁吊装施工、叠合板吊装施工、预制楼梯吊装施工、连接部位施工、ALC 板
吊装施工、PC 工程质量检验。

书中重要章节均附有二维码。通过扫描二维码，打开视频链接即可学习线上视
频资源。充分利用"互联网＋"技术，打造新形态教材，让书本成为移动的课堂。

为方便教学和提高学习效果，作者自制免费课件资源，索取方式为：1. 邮
箱 jckj@cabp.com.cn；2. 电 话（010）58337285；3. 建 工 书 院 https://
edu. cabplink. com。

责任编辑：王予芊
责任校对：党 蕾

职业教育本科土建类专业融媒体系列教材
浙江省普通高校"十三五"新形态教材
装配式混凝土结构构件施工
钱科洋 主编
付敏娥 副主编
＊
中国建筑工业出版社出版、发行（北京海淀三里河路 9 号）
各地新华书店、建筑书店经销
北京鸿文瀚海文化传媒有限公司制版
北京同文印刷有限责任公司印刷
＊
开本：787 毫米×1092 毫米 1/16 印张：10 字数：248 千字
2023 年 4 月第一版 2023 年 4 月第一次印刷
定价：**36.00** 元（赠教师课件）
ISBN 978-7-112-27707-0
（39879）

前　言

　　《装配式混凝土结构构件施工》是依托浙江广厦建设职业技术大学与中天美好集团有限公司在校企合作基础之上共同开发编写的一门土建类专业教材。教材编写以建筑装配式应用型技能人才培养为目标，内容上符合高等职业教育土建类专业的人才培养要求。该教材被列为浙江省普通高校"十三五"新形态教材。

　　教材编写以任务化模块开展，思路清晰并循序渐进，具备较强的指导性和可操作性。任务划分主要以不同类型的构件施工为依据，章节划分上具层次性。本教材主要分为11项任务，每项任务中包括："学习目标""任务导入""任务引入""任务实施"四个模块。"学习目标"明确了学习者需达到的学习标准；"任务导入"明确了本节应掌握的学习任务；"任务引入"明确了本节主要的学习内容；"任务实施"部分为每个任务重点内容，以构件施工工艺的先后顺序为主线，对施工流程的注意事项进行详细阐述。每一项任务后附有"思考与练习"，通过即时训练，强化学习者对本章节学习内容的掌握。

　　该教材属于浙江省普通高校"十三五"新形态教材之一，本书中重要章节均附有二维码。通过扫描二维码，即可学习线上视频资源。充分利用"互联网＋"技术，打造新形态教材，让书本成为移动的课堂。

　　本教材编写得到了浙江中民筑友建设科技集团有限公司的大力支持，该公司装配式施工现场为本书中视频拍摄的主要场所；公司相关技术人员为教材编写提供了宝贵的资源与素材，并对本书中部分章节提供了编写的建议。本教材由钱科洋担任主编，付敏娥担任副主编，宁先平担任主审。具体编写任务如下：任务4、任务5、任务7由浙江广厦建设职业技术大学钱科洋编写；任务2、任务10由浙江广厦建设职业技术大学付敏娥编写；任务1由浙江广厦建设职业技术大学吕绕英编写；任务3、任务11由中天美好集团有限公司徐胜辉编写；任务6由浙江广厦建设职业技术大学周小强编写；任务8、任务9由浙江广厦建设职业技术大学马甜伟编写。

　　该教材可作为职业教育本科、高等职业教育土木建筑类专业的教学用书，也可作为建设类行业企业相关技术人员的学习用书。

　　由于编者水平有限，书中难免存在不足之处，敬请读者批评指正！

目　录

任务 1

Chapter 01

认识装配式混凝土结构
工程施工特点

学习目标

本任务围绕装配式混凝土结构工程施工特点展开。讲解了装配式建筑定义、装配式结构体系及装配式建筑历史。通过本任务的学习，学生需对装配式混凝土工程的施工特点有所了解，重点掌握装配式混凝土结构类型，具备辨别、分析装配式结构体系及计算预制率的能力。

能力目标

通过本任务的学习，能分析装配式结构体系，能计算预制率。

德育目标

培养学生积极探索、勇于创新的工匠精神。强化学生职业素养养成和专业技术积累，将专业精神、职业精神和工匠精神融入人才培养全过程，让学生成为专业过硬、具有家国情怀的高层次人才。

任务导入

装配式混凝土结构工程施工特点有哪些？

任务分解：

（1）装配式建筑的定义；

（2）装配式混凝土结构体系；

（3）装配式混凝土建筑历史。

思维导图

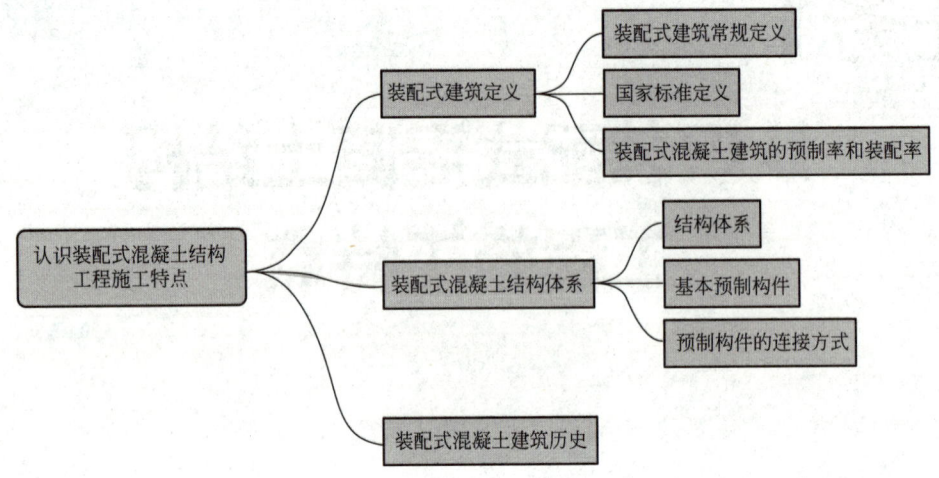

1.1 装配式建筑定义

任务引入

在学习装配式混凝土结构工程施工前，首先是知晓装配式建筑定义。

任务实施

1.1.1 装配式建筑常规定义

按常规的理解，装配式建筑是指把传统建造方式中的大量现场作业工作转移到工厂进行，在工厂加工制作好建筑用构件和配件（如楼板、墙板、楼梯、阳台等），运输到建筑施工现场，通过可靠的连接方式在现场装配安装而成的建筑。按此理解，装配式建筑有两个主要特征：

1. 装配式混凝土结构工程施工特点

（1）结构主要构件是可以预制的。

（2）预制构件之间的连接是稳定可靠的。

1.1.2 国家标准定义

按照《装配式混凝土建筑技术标准》GB/T 51231—2016 中的定义，装配式混凝土建筑，是指，结构系统、外围护系统、设备与管线系统、内装系统的主要部分采用混凝土（预制部品部件）集成的建筑。因此，装配式混凝土建筑有两个主要特征：

（1）构成建筑结构的主要构件是混凝土预制构件。

（2）装配式混凝土建筑结构系统、外围护系统、设备与管线系统、内装系统 4 个系统的主要部品部件是预制集成的。

1.1.3　装配式混凝土建筑的预制率和装配率

目前除《装配式建筑评价标准》GB/T 51129—2017 中对装配率作了统一规定外，浙江、上海、江苏、北京、成都、深圳、湖南、湖北等省市也陆续出台了针对当地的预制率和装配率计算细则。但在纳入预制率（装配率）计算的构件范围以及各类构件预制率（装配率）的折算比例方面都有所差别。

以浙江省《装配式建筑评价标准》DB33/T 1165—2019 中的预制率和装配率计算细则为例，预制率是指建筑标高±0.000 以上（不含±0.000）主体结构和围护结构中，预制构件及相关部分的混凝土用量占混凝土总用量的体积比。装配率是指工业化建筑中建筑构件、建筑部品的数量（或面积）占同类构件或部品总数量（或面积）的比例。

装配式混凝土结构项目的预制率不低于 20%，预制率可按下式计算：

$$K_{预} = \frac{V_{预} + 0.5V_{叠}}{V_{总}} \tag{1-1}$$

式中：$K_{预}$——预制率；

$V_{预}$——预制构件混凝土体积；

$V_{叠}$——叠合构件现浇混凝土体积；

$V_{总}$——±0.000 以上（不含±0.000）混凝土总体积。

项目的装配率应符合表 1-1 规定。

建筑构件、部品装配率评价项目　　　　　　　　　表 1-1

序号	构件、部品	评价项目单位	混凝土结构	钢或钢-混结构
1	外墙	面积比	—	≥50%
2	楼板	面积比	—	≥75%
3	楼梯	数量比	≥50%	≥50%
4	空调板	数量比	≥50%	≥50%
5	阳台板	数量比	≥50%	≥50%
6	预制排烟道	数量比	≥50%	≥50%

1.2　装配式混凝土结构体系

任务引入

装配式混凝土结构体系众多，吊装施工前应先熟悉资料，了解本工程项目的结构体系类型。

任务实施

装配式混凝土体系下又细分为多种结构，有双面叠合板式剪力墙体系、全装配整体式剪力墙体系、装配式框架-现浇剪力墙体系、"外挂内浇"PCF（预制装配式外挂墙板）剪力墙体系、全装配整体式框架体系等。

1.2.1　结构体系

1. 双面叠合板式剪力墙体系

双面叠合板式剪力墙是由两"片"混凝土墙板叠合而成的。叠合的方式是由钢筋桁架将两侧的混凝土板连系在一起，如图1-1所示。

图1-1　双面叠合板式剪力墙

在工厂预制完成时，板与板之间留有空腔，现场安装就位后再在空腔内浇筑混凝土，由此形成的预制和现浇混凝土整体受力的墙体就是叠合板式剪力墙，又称"双皮墙"。

预制部件：剪力墙、叠合楼板、阳台、楼梯、内隔墙等；

体系特点：工业化程度高，施工速度快，连接简单，构件重量轻，精度要求较低等；

适用高度：高层、超高层；

适用建筑：商品房、保障房等。

2. 全装配整体式剪力墙体系

全装配整体式剪力墙体系是指由预制混凝土剪力墙墙板构件和现浇混凝土剪力墙构成结构的竖向承重和水平抗侧力体系，通过整体式连接形成的一种钢筋混凝土剪力墙结构形式（图1-2）。

预制部件：剪力墙、叠合楼板、楼梯、内隔墙等；

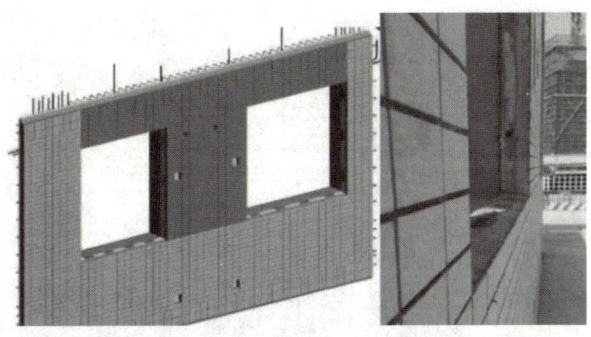

图 1-2　全装配整体式剪力墙

体系特点：工业化程度高，房间空间完整，无梁柱外露，施工难度高，成本较高，可选择局部或全部预制，空间灵活度一般；

适用高度：高层、超高层；

适用建筑：商品房、保障房等。

3. 装配式框架-现浇剪力墙体系

装配式框架-现浇剪力墙体系是指梁柱采用预制构件，剪力墙采用现浇。

通过现浇剪力墙和叠合楼板连接预制构件，柱或楼板也可采用现浇，外墙可采用柔性连接外挂板，如图 1-3 所示。装配式框架-现浇剪力墙体系具有良好的抗震性能。

图 1-3　柔性连接外挂板

梁柱节点连接方式有两种，一种是针对一维梁柱构件的节点采用后浇；另一种是针对二维和三维梁柱构件的节点预制连接点采用后浇方式。

4. "外挂内浇" PCF（预制装配式外挂墙板）剪力墙体系

"外挂内浇" PCF 剪力墙体系是指主体结构受力构件采用现浇，非受力结构采用外挂形式（图 1-4）。

该体系将施工现场现浇难度较大的围护构件在工厂内预制，然后运至现场外挂安装后，节点与内部竖向主体承重结构现浇，有利于外墙防水抗渗，提高施工效率。

预制部件：外墙、叠合楼板、阳台、楼梯、叠合梁等；

图 1-4   PCF 外挂墙板

体系特点：竖向受力结构采用现浇，外墙挂板不参与受力，施工难度较低，成本较低，常配合大钢模施工；

适用高度：高层，超高层；

适用建筑：保障房、商品房、办公建筑。

5. 全装配整体式框架体系

全装配整体式框架体系是以主要受力构件包括柱、梁、板全部或部分（如预制柱、叠合梁、叠合板）为预制构件的装配式混凝土结构（图 1-5）。

图 1-5   全装配整体式框架

装配式框架结构构件可以设计成多种标准化构件，拆分成柱、梁、板、楼梯、阳台、外墙等，在专业混凝土预制厂进行批量生产，运至现场组装，构件节点部位采用混凝土现浇。

预制部件：柱、叠合梁、外墙、叠合楼板、阳台、楼梯等；

体系特点：工业化程度高，预制比例可达 80%，内部空间自由度好，室内梁柱外露，施工难度较高，成本较高；

适用高度：50m 以下；

适用建筑：公寓、办公、酒店、学校、工业厂房建筑等。

1.2.2　基本预制构件

装配式混凝土结构的基本构件主要包括预制混凝土柱、预制混凝土梁、预制混凝土剪力墙、预制混凝土楼面板、预制混凝土楼梯、预制混凝土阳台、空调板、女儿墙、围护结构等。

1. 预制混凝土柱：预制混凝土实心柱、预制混凝土矩形柱壳（图 1-6）。

图 1-6　预制混凝土柱

2. 预制混凝土梁：预制混凝土实心梁、预制混凝土叠合梁（图 1-7）。

图 1-7　预制混凝土叠合梁

3. 预制混凝土剪力墙：预制实心剪力墙、预制叠合剪力墙（图 1-8）。

图 1-8　预制叠合剪力墙

4. 预制混凝土楼面板：预制混凝土叠合板、预制混凝土实心板、预制混凝土空心板、预制混凝土双 T 板等（图 1-9～图 1-11）。

图 1-9　预制混凝土叠合板

5. 预制混凝土楼梯：其优点有外形美观，避免现场支模，节约工期，受力明确，安装后可做施工通道（图 1-12）。

6. 预制混凝土阳台（图 1-13）。

7. 空调板（图 1-14）。

8. 女儿墙（图 1-15）。

9. 围护结构：外围护墙、预制内隔墙（图 1-16）。

图 1-10　预制混凝土空心板

图 1-11　预制混凝土双 T 板

图 1-12　预制混凝土楼梯

图 1-13　预制混凝土阳台

图 1-14　空调板

图 1-15　女儿墙

图 1-16　预制内隔墙

1.2.3　预制构件的连接方式

装配式混凝土结构中，根据接头受力、施工工艺等不同情况，有多种连接方式，包括钢筋套筒灌浆连接、焊接连接、浆锚搭接连接、机械连接、螺栓连接、栓焊混合连接、绑扎连接、混凝土连接等。

1.3　装配式混凝土建筑历史

任务引入

学习装配式混凝土建筑历史，能更好、更正确地把握装配式建筑发展方向。

任务实施

预制混凝土构件在建筑上的应用始于1891年。那一年，巴黎一家公司首次在建筑中使用了预制混凝土梁。

1896年，法国人建造了最早的装配式混凝土建筑——一座小门卫房。进入20世纪，一些现代主义建筑大师意识到建筑工业化是大规模解决城市住宅问题的有效途径，主张、提倡装配式混凝土建筑。1910年，现代建筑领军人物，20世纪世界四大建筑大师之一的格罗皮乌斯（包豪斯风格的创建者）提出：钢筋混凝土建筑应当预制化、工厂化。

由于两次世界大战的影响，20世纪50年代之前，装配式混凝土建筑只停留在概念阶段。第二次世界大战结束后，装配式混凝土建筑大步登上建筑舞台，并逐渐成为重要角色。

20世纪50年代，世界四大著名建筑大师之一的勒·柯布西耶设计了马赛公寓（图1-17），采用了大量预制清水混凝土构件。勒·柯布西耶还为印度规划设计了昌迪加尔城（图1-18），也大量采用了预制构件。格罗皮乌斯20世纪50年代末设计的纽约泛美大厦是一座地标性高层建筑，建筑表皮的预制混凝土构件是露骨料的装饰一体化构件。

图1-17　马赛公寓

图1-18　昌迪加尔城

20世纪最具特色建筑之一的悉尼歌剧院（图1-19）也是装配式建筑。约恩·乌松设计的曲面造型以当时的技术现浇很难实现，采用装配式才解决了施工难题，建筑曲面薄壳是装配式叠合板，外围护墙体是装饰一体化外挂墙板。

1992年建成的非常著名的建筑凤凰城图书馆（图1-20），建筑师是威廉姆·布鲁德，也是全装配式柱梁结构的建筑，预制柱采用螺栓连接。欧洲国家的许多装配式建筑都采用了全装配式技术。

世界著名建筑大师伯纳德·屈米设计的辛辛那提大学体育馆中心，如图 1-21 所示，建筑表皮是预制钢筋混凝土镂空曲面板。现浇这样的镂空曲面板是非常困难的，很难脱模，造价也会非常高，但采用预制装配式就容易了许多，成本比现浇大大降低，又可缩短工期。

图 1-19 悉尼歌剧院

图 1-20 凤凰城图书馆

图 1-21 辛辛那提大学体育馆中心

 思考与练习

一、单选题

1.《关于大力发展装配式建筑的指导意见》的工作目标中指出，"力争用 10 年左右的时间，使装配式建筑占新建建筑面积的比例达到（　　）。"

A. 20%

B. 30%

C. 40%

D. 50%

2.《"十三五"装配式建筑行动方案》在"三、保障措施"中"（十二）创新管理"指出，建立装配式建筑全过程信息追溯机制，把生产、施工、装修、运行维护等全过程纳入（　　），实现数据及时上传、汇总、监测及电子归档管理等，增强行业监管能力。

A. 商务平台

B. 信息化平台

C. 金融性平台

C. 考勤机

3.《"十三五"装配式建筑行动方案》在"三、保障措施"中"（十三）建立统计上报制度"指出，按照《装配式建筑评价标准》GB/T 51129—2017 规定，用（　　）作为装配式建筑认定指标。

A. 市场占有率

B. 材料使用率

C. 绿色分配率

D. 装配率

4. 预制率是指在单体建筑规定部位的结构系统中，符合工业化建筑特征和要求的混凝土预制构件占全部混凝土用量的（　　）比。

A. 表面积

B. 重量

C. 体积

D. 长度

5. 下列哪项不是影响建筑工程产业化发展的主要因素（　　）。

A. 选择适用的起重机械设备 B. 缩短安装时间

C. 提高装配式建筑的装配率 D. 提高构件安装的质量

6. 装配式建筑评价标准采用（ ）评价建筑的装配化程度。

A. 装配数量 B. 装配等级

C. 预制率 D. 装配率

7. 下列有关装配式建筑评价等级划分不正确的是（ ）。

A. 装配率为 65%～75% 时，评价为 A 级装配式建筑

B. 装配率为 76%～90% 时，评价为 AA 级装配式建筑

C. 装配率为 91% 及以上时，评价为 AAA 级装配式建筑

D. 装配率为 90% 及以上时，评价为 AAA 级装配式建筑

8. 在德国装配式住宅的混凝土墙体中，（ ）占比 70% 左右，是一种抗震性能非常好的结构体系。

A. 单层叠合剪力墙 B. 双层叠合剪力墙（双皮墙）

C. 预制夹心保温墙板（三明治墙） D. 预制外挂墙板（PCF 板）

9. 目前，我国主要采用等同现浇的设计概念，高层建筑基本采用预制构件之间通过可靠的连接方式，与现场后浇混凝土、水泥基灌浆料等形成整体的（ ）。

A. 装配式混凝土结构 B. 砖混结构

C. 框架-剪力墙结构 D. 钢结构

10. 装配式混凝土建筑急需解决（ ）。

A. 预制构件连接问题 B. 预制构件生产问题

C. 预制构件运输问题 D. 预制构件吊装问题

11. 装配式建筑的优点不包括（ ）。

A. 工业化水平高 B. 便于冬期施工

C. 减少材料损耗 D. 增加现场施工劳动力

二、多选题

1. 装配式混凝土按结构体系划分为（ ）。

A. 现浇体系 B. 装配式框架体系

C. 全装配整体式剪力墙体系 D. 全装配整体式框架-剪力墙体系

E. PCF 剪力墙体系

2. 我国装配式建筑的特点有（ ）。

A. 大部分为塔式或板式混凝土多高层建筑

B. 沉寂了五十多年之后又重新在我国兴起

C. 尚处于初级阶段

D. 具有从设计、制作到供应的成套技术及有效的供应链管理

E. 满足建筑产业现代化发展转型升级需求

3. 装配式建筑主要竖向构件包括（ ）。

A. 预制剪力墙 B. 外挂墙板

C. 内墙 D. 隔墙

E. 预制楼梯

三、判断题

1. 我国主要采用等同现浇的设计概念，高层建筑基本采用装配整体式混凝土结构，即预制构件之间通过可靠的连接方式，与现场后浇混凝土、水泥基灌浆料等形成整体结构。 （　　）

2. 钢筋套筒灌浆连接是指在预制混凝土构件内预埋的金属套筒中插入带肋钢筋并灌注水泥基灌浆料而实现的钢筋连接方式。 （　　）

3. 钢筋浆锚搭接连接是指在预制混凝土构件中预留孔道，在孔道中插入需要搭接的钢筋，并灌注水泥基灌浆料而实现的钢筋搭接连接方式。 （　　）

4. 将建筑的部分或全部构件在工厂预制完成，然后运输到施工现场，将构件通过可靠的连接方式组装而成的建筑，称为预制装配式建筑。 （　　）

5. 装配率是指工业化建筑室外地坪以上主体结构与围护结构中，构件部分的混凝土用量占混凝土总量的比例。 （　　）

任务 2

Chapter 02

PC施工条件准备

学习目标

本任务围绕 PC 施工条件准备展开。讲解了人员配置、起重机械配置、灌浆设备与材料、吊具配置、PC 施工材料、现场道路与场地的要求，主要结合装配式相关规范以及企业标准展开。通过本任务的学习，学生需对装配式混凝土工程的施工条件准备有所了解，具备做好 PC 施工的前期准备工作及制订人、材、机投入计划的能力。

能力目标

通过本任务的学习，能做好 PC 施工的前期准备工作；制订人、材、机投入计划，做好技术准备。

德育目标

强化学生的全局意识，不仅要让学生会施工、质量验收等，还要求学生做好事前各项准备工作。使学生牢固树立"预则立，不预则废"的思想，引导学生建立专业精神、职业精神和工匠精神。

任务导入

本工程为某安置小区及教师限价房建设工程，为了顺利开展 PC 施工，本项目施工前要准备哪些内容呢？

任务分解：

（1）人员配置；

（2）起重机械配置；

（3）灌浆设备与材料；

（4）吊具配置；

（5）PC 施工材料；

（6）现场道路与场地。

思维导图

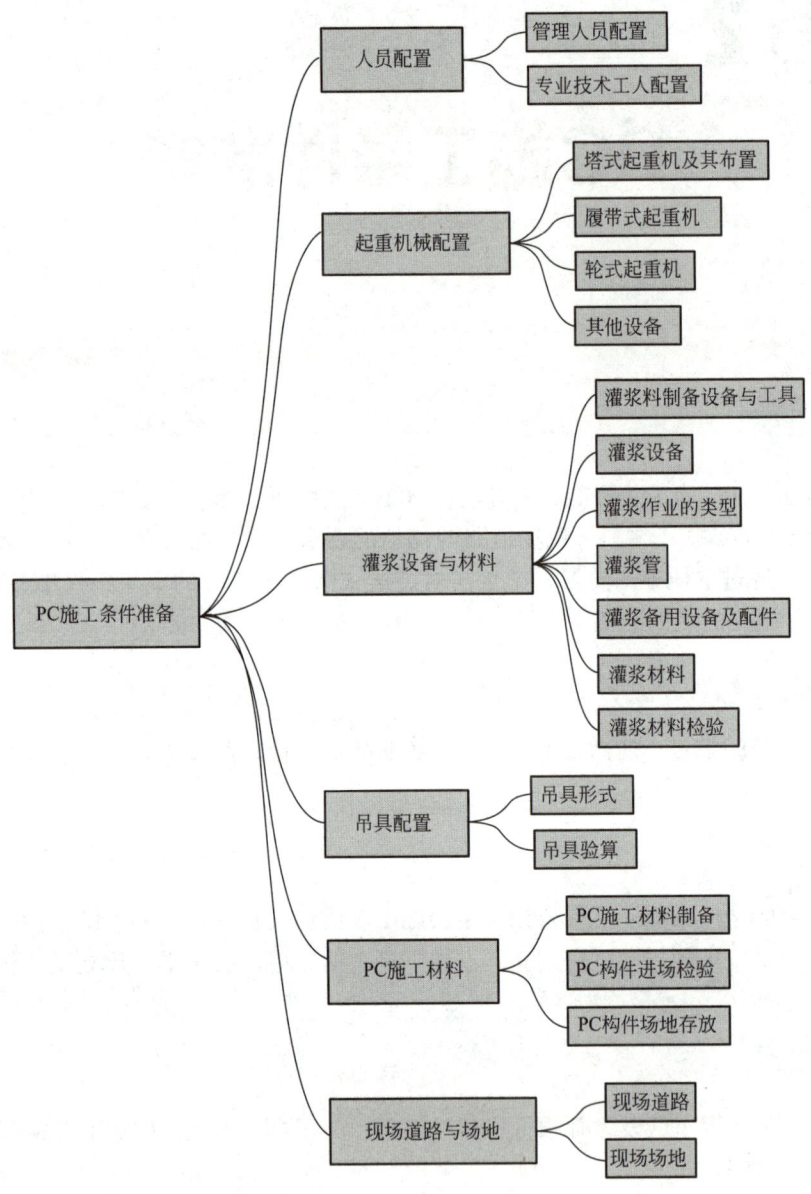

2.1 人员配置

任务引入

装配式混凝土结构工程施工的人员配置有两个主要方面，一是管理人员；二是专业技术工人。

💡 **任务实施**

2.1.1　管理人员配置

1. 项目经理

PC 施工的项目经理除了组织施工具备的基本管理能力外，应当熟悉 PC 施工工艺、质量标准和安全规程，有非常强的计划意识。

2. 计划-调度

这个岗位强调计划性，按照计划与 PC 工厂衔接，对现场作业进行调度。

3. 质量控制与检查

本岗位要求对 PC 构件进场进行检查，对前道工序质量和可安装性进行检查。

4. 吊装指挥

吊装作业的指挥人员，要熟悉 PC 构件吊装工艺和质量要点等。有计划、组织、协调能力；安全意识、质量意识、责任心强。对各种现场情况，有应对能力。

5. 技术总工

技术总工应熟悉 PC 施工技术各个环节，负责施工技术方案及措施的制定、技术培训和现场技术问题处理等。

6. 质量总监

质量总监应熟悉 PC 构件出厂的标准、PC 施工材料检验标准和施工质量标准，负责编制质量方案和操作规程，组织各个环节的质量检查等。

2.1.2　专业技术工人配置

1. 测量工

测量工：进行构件安装三维方向和角度的误差测量与控制。熟悉轴线控制与界面控制的测量定位方法，确保构件在允许误差内安装就位。

2. 塔式起重机驾驶员

PC 构件重量较重，安装精度在几毫米以内，多个甚至几十个套筒或浆锚孔对准钢筋，这要求 PC 工程的塔式起重机驾驶员比现浇混凝土工地的塔式起重机驾驶员有更精细准确的吊装能力与经验。

3. 信号工

信号工也称为吊装指令工，向塔式起重机驾驶员传递吊装信号。信号工应熟悉 PC 构件的安装流程和质量要求，全程指挥构件的起吊、降落、就位、脱钩等。该工种是 PC 安装保证质量、效率和安全的关键工种，要求信号工有很强的技术水平、质量意识、安全意识和责任心。

4. 起重工

起重工负责吊具准备、起吊作业时挂钩、脱钩等作业，须了解各种构件名称及安装部位、熟悉构件起吊的具体操作方法和规程、安全操作规程、吊索吊具的应用等，富有现场作业经验。

5. 安装工

安装工负责构件就位、调节标高支垫、节点安装等作业。熟悉不同构件安装节点的固定要求。特别是固定节点、活动节点安装的区别。熟悉图样和安装技术要求。

6. 临时支护工

临时支护工负责构件安装后的支撑、施工临时设施安装等作业。熟悉图样及构件规格、型号和构件支护的技术要求。

7. 灌浆料制备工

灌浆料制备工负责灌浆料的搅拌制备,熟悉灌浆料的性能要求及搅拌设备的机械性能,严格执行灌浆料的配合比及操作规程,通过灌浆料厂家培训及考试后持证上岗,质量意识、责任心要强。

8. 灌浆工

灌浆工负责灌浆作业,熟悉灌浆料的性能要求及灌浆设备的机械性能,严格执行灌浆料操作流程及规程,通过灌浆料厂家培训及考试后持证上岗,质量意识、责任心要强。

9. 修补工

修补工负责对因运输和吊装过程中构件的磕碰进行修补,了解修补用料的配合比,应对各种磕碰等提出修补方案;也可委托给构件生产工厂进行修补。

2.2 起重机械配置

任务引入

装配式混凝土结构工程施工与传统的现浇结构相比需要频繁用到起重机械,主要为塔式起重机、履带式起重机、轮式起重机及其他设备等。

任务实施

2.2.1 塔式起重机及其布置

塔式起重机分为塔式动臂起重机(图2-1)、塔式平臂起重机(图2-2)、附着自升塔式起重机、内爬塔式起重机、轨道式塔式起重机。相比塔式平臂起重机,塔式动臂起重机可以实现大起重量、大起升高度、大起升速度。

高层建筑与多层建筑施工一般选择塔式起重机,选择塔式起重机必须考虑安拆方便。

1. 塔式起重机的选择及布置要求

下面重点介绍国内施工常用的塔式平臂起重机。

(1)起重重量

起重重量=(预制构件重量+吊具重量+吊索重量)×1.5(安全系数)

(2)起重幅度

起重幅度是指以起重机中心点为半径,从中心点到最远起吊点处的距离。塔式起重机型号及参数表见表2-1。

图 2-1   塔式动臂起重机

图 2-2   塔式平臂起重机

塔式起重机型号及参数表   表 2-1

主要参数		单位	QTZ80（5315）	QTZ80（5513）	QTZ80（5612）
额定起重力矩		kN·m	800	800	800
最大起重量		t	8	8	8
最大幅度额定起重量		t	1.5	1.3	1.2
最大工作幅度		m	3～53	3～55	3～56
最大起升高度		m	40/150	40/150	40/150
起升速度	二倍率	m/min	80/40/8.5	80/40/8.5	80/40/8.5
	四倍率	m/min	40/20/4.25	40/20/4.25	40/20/4.25
变幅速度		m/min	42/21	42/21	42/21
回转速度		r/min	0～0.6	0～0.6	0～0.6
顶升速度		m/min	0.4	0.4	0.4
最低稳定下降速度		m/min	＜7	＜7	＜7
塔机自重		t	42.25	42.45	42.65
平衡重量		t	15.25	15.75	15.75
工作电压		V	380V+5％/50Hz		
装机总容量		kW	42.25	42.25	42.25

主要参数		单位	QTZ63(5010)	QTZ63(5013)	QTZ63(5610)
额定起重力矩		kN·m	630	630	780
最大起重量		t	5	6	6
最大幅度额定起重量		t	1.0	1.3	1.0
最大工作幅度		m	3~50	3~50	3~56
最大起升高度		m	40/150	40/150	40/150
起升速度	二倍率	m/min	80/40/8.5	80/40/8.5	80/40/8.5
	四倍率	m/min	40/20/4.25	40/20/4.25	40/20/4.25
变幅速度		m/min	44/22	44/22	44/22
回转速度		r/min	0~0.66	0~0.66	0~0.6
顶升速度		m/min	0.4	0.4	0.4
最低稳定下降速度		m/min	<7	<7	<7
塔机自重		t	34.8	37.52	38.20
平衡重量		t	11.80	12.65	13.75
工作电压		V	380V±5%/50Hz		
装机总容量		kW	36.45	36.45	36.45

塔式起重机的选型与起重量及臂长有关，与建筑高度关系不大。60kN 塔式起重机的最大起重量为 6t，如臂长 30m，末端起重为 1t。80kN 塔式起重机的最大起重量为 8t，如臂长 30m，末端起重为 2t；如臂长 40m，末端起重为 1.5t；如臂长 50m，末端起重为 1t。楼长 44m，宽 20m，50m 臂长的塔式起重机 1 台就可以；30m 臂长的塔式起重机，则需要 2 台。

（3）起重能力

起重机械的起重能力应满足最大幅度预制构件的起吊重量，同时必须满足最大幅度范围以内各种预制构件的起吊重量。

（4）起重高度

应计算塔式起重机独立高度与附着高度时吊起的预构件能平行通过建筑外架最高点或预制构件安装最高点 2m 处；计算高度时必须将吊索、吊具、预制构件的高度总和加上安全距离合并考虑。

（5）塔式起重机的附着

当塔式起重机附着在现浇部分的结构上时，应考虑现浇结构达到设计强度时间与吊装进度之间的时间差。当塔式起重机附着在预制构件上时，应通过模拟计算，在预制构件设计阶段确定附着点的位置。附着点的预埋件须在工厂制作预制构件时一并完成，不得采用在预制构件上用后锚固的方式进行附着安装。

（6）起升速度

起升速度也决定了装配式工程的安装效率，在选择起重设备时，要考虑在满足安全性能的前提下尽可能选择起升速度快的起重设备；起升速度与起重量及起重设备的起重参数有关，在选择时应查看相关参数表。

（7）控制精度

预制构件安装时，需要对位及调整，所以吊装时的高度控制及稳定性非常重要。起重机的起重量越大，精度和稳定性越好。塔式动臂与塔式平臂两种起重机相比较，动臂起重机的精度和稳定性比平臂起重机要好很多。平臂起重机因为结构设计的原因，在起重时受预制构件重量及惯性影响，导致高度精度差一些。

（8）塔式起重机的型号选择

与现浇相比，装配式混凝土施工最重要的变化是塔式起重机起重量大幅度增加。根据具体工程预制构件重量的不同，起重量一般在 5～14t 之间。剪力墙工程比框架或筒体工程需要的塔式起重机起重量可以小些。需要根据吊装预制构件重量确定塔式起重机型号，塔式起重机吊装能力对预制构件重量限制表见表 2-2。

塔式起重机吊装能力对预制构件重量限制表　　　　　　　　　　表 2-2

型号	吊预制构件重量	可吊预制构件范围	说明
QTZ80	1.3～8t(max)	柱、梁、剪力墙内墙（长度 3m 以内）、夹心剪力墙板（长度 3m 以内）、外挂墙板、叠合板、楼梯、阳台板、遮阳板	可吊重量与吊臂工作幅度有关，8t 工作幅度是在 3m 处；1.3t 工作幅度是在 56m 处
QTZ315(S315K16)	3.2～16t(max)	双层柱、夹心剪力墙板（长度 3～6m）、较大的外挂墙板、特殊的柱、梁、双莲藕梁、十字莲藕梁	可吊重量与吊臂工作幅度有关，16t 工作幅度是在 3.1m 处；3.2t 工作幅度是在 70m 处
QTZ560(S560K25)	7.25～25t(max)	夹心剪力墙板（6m 以上）、超大预制板、双 T 板	可吊重量与吊臂工作幅度有关，25t 工作幅度是在 3.9m 处；7.25t 工作幅度是在 60m 处

注：本表数据可作为设计大多数预制构件时参考，如果有个别预制构件大于此表重量，工厂可以临时用大吨位轮式起重机；对于工地，当吊装高度在轮式起重机高度限值内时，也可以考虑轮式起重机。塔式起重机以本系列中最大臂长型号作为参考制作本表，以塔式起重机实际布置为准。本表剪力墙板是以住宅为例。

（9）塔式起重机布置原则

1）覆盖所有吊装作业面；塔式起重机幅度范围内预制构件的重量符合起重机起重量。

2）宜设置在建筑旁侧，条件不许可时，也可选择核心筒结构位置。

3）塔式起重机不能覆盖裙房时，可选用轮式起重机吊装裙房预制构件。

4）尽可能覆盖临时存放场地。

5）方便支设和拆除，满足安全要求。

6）可以附着在主体结构上。

7）尽量避免塔式起重机交叉作业，保证起重机起重臂与其他起重机的安全距离以及与周边建筑物的安全距离。

2. 塔式起重机的特点

（1）塔式平臂起重机

塔式平臂起重机也称为小车变幅起重臂塔式起重机，其工作原理是靠水平起重臂轨道上安装的小车行走实现变幅，其优点是变幅范围大，载重小车可驶近塔身，能带负荷变幅；缺点是起重臂受力情况复杂，对结构要求高，且起重臂和小车必须处于建筑物上部，塔尖安装高度比建筑物屋面要高出 15~20m。

（2）塔式动臂起重机

塔式动臂起重机也称为俯仰变幅起重臂塔式起重机，其工作原理是靠起重臂升降实现变幅，其优点是能充分发挥起重机起重臂的有效高度，机构简单，起重力矩大，单绳起重量大，吊物比较平稳。缺点是回转转速慢，另外不适于群塔作业时的高低错位布置。

（3）附着自升塔式起重机

附着自升塔式起重机能随着建筑物升高而升高，适用于高层建筑，建筑结构仅承受由起重机传来的水平载荷，附着方便，但占用结构部分增加的用钢量较大。

（4）内爬塔式起重机

内爬塔式起重机布置在建筑物内部（电梯井、楼梯间），借助一套托架和提升系统进行爬升，顶升较烦琐，但占用结构部分增加的用钢量少，也不需要安装设备基础，全部自重和载荷均由建筑物承受。

（5）轨道式塔式起重机

轨道式塔式起重机塔身固定于行走底架上，可在专设的轨道上运行，优点是稳定性好，能带负荷行走，活动范围大，工作效率高；缺点是结构庞大，自重大，安装劳动量大，拆卸和运输不方便，轨道基础的构建费用大，且不适用于高层建筑。

2.2.2　履带式起重机

（1）房屋建筑高度在 20m 以下，以及高层建筑的裙房部分用塔式起重机无法覆盖的情况下预制构件的安装，可选用履带式起重机。

（2）履带式起重机的优点是稳定性好，载重能力大，防滑性能好，对路面要求低；缺点是灵活性差，行驶速度慢，油耗高。

（3）常用履带式起重机根据最大起吊重量分为：35t、50t、80t、100t、150t、250t 等。

2.2.3　轮式起重机

（1）施工现场作业流动性较大，作业面临时、分散，吊装幅度及起重重量相对较小的情况下预制构件的安装或卸车，可选用轮式起重机，工程中多用汽车式起重机。

（2）轮式起重机的优点是灵活机动，能快速转移，操作省力，吊装速度快，效率高；缺点是不能负荷行驶，转弯半径大，越野能力差。

（3）常用轮式起重机根据最大起吊重量分为：8t、12t、16t、20t、25t、32t、35t、40t、50t、70t、80t、100t 等。

2.2.4　其他设备

1. 小型起重设备

安装小型预制构件或部品时，可采用一些小型的起重设备，小型起重设备的起吊重量一般不超过 1t。

2. 屋面小型塔式起重机

超高层装配式混凝土建筑施工设置附着式塔式起重机作为主起重机；同时，可安装一部屋面小型塔式起重机组合使用，利用小型塔式起重机辅助主起重机进行升节安装及拆除作业，相比主塔式起重机其自升方式效率更高、操作更安全。在预制构件安装过程中，可使用屋面小型塔式起重机进行预制构件的垂直运输，再由主塔式起重机将预制构件转运至远端安装位，以提高安装效率。

3. 高空作业车

用于载人高空作业，根据作业现场条件及使用要求，可选用伸缩臂式（直臂式）、折叠臂式（曲臂式）、剪叉式等高空作业车。

2.3 灌浆设备与材料

装配式混凝土结构工程施工中的主要结构连接方式为套筒连接，需要用到专用的套筒注浆设备和材料。

2.3.1 灌浆料制备设备与工具

1. 浆料搅拌器（手提式搅拌器）

浆料搅拌器用于灌浆料搅拌。其主要技术参数为：

（1）功率：1200～1400W。

（2）转速：0～800r/min（可调）。

（3）电压：单相220V/50Hz。

（4）搅拌头：片状或圆形花瓣状。

2. 电子秤

电子秤用于精确称量灌浆料干料，其主要技术参数为：

（1）量程：30～50kg。

（2）测量精度：0.01kg。

3. 刻度量杯

刻度量杯用于精确称量灌浆料搅拌用水，容量一般为2～5L。

4. 平板手推车

平板手推车用于灌浆料等材料的水平运输，尺寸一般为600mm×800mm。

5. 浆料搅拌桶

浆料搅拌桶用于灌浆料拌合物的搅拌，一般采用$\phi 300mm \times H400mm$的不锈钢平底桶。

6. 电子测温仪

电子测温仪用于测量灌浆料拌合物的温度，其主要技术参数为：

（1）测温范围：−30～130℃。

（2）测量精度：0.1℃。

（3）操作环境温度：−20～50℃。

7. 试块试模

试块试模属于标准试验用具，用于制作灌浆料抗压强度试验的试块。试块试模规格一般为 40mm×40mm×160mm，三联为一组。

8. 截锥圆模

截锥圆模属于标准试验用具，用于检测灌浆料拌合物的流动度。截锥圆模规格为上口内径（70±0.5）mm，下口内径（100±0.5）mm，下口外径 120mm，高度（60±5）mm。

9. 玻璃板

玻璃板是用于检测灌浆料拌合物流动度的底模，规格一般为 400mm×400mm×5mm。

10. 计时器

计时器用于记录灌浆料的搅拌时间，普通计时器即可。如果没有计时器也可以采用手机自带的计时器进行计时。

2.3.2　灌浆设备

压力灌浆工艺分为机械压力灌浆和手动灌浆两种类型。机械压力灌浆使用电动灌浆机；手动灌浆使用手动灌浆枪。

目前常用的电动灌浆机根据工作原理分为电动螺杆式灌浆机、电动泵管挤压式灌浆机和气动压力式灌浆机。

应根据灌浆料特性和灌浆工艺要求，使用灌浆压力等参数符合要求的灌浆机。

手动灌浆枪也适用于补灌工艺。

1. 电动螺杆式灌浆机

（1）工作原理

电动螺杆式灌浆机的工作原理是：电动机带动减速器和输送螺旋杆转动，将灌浆料拌合物输送到增压螺杆或增压定子组成的增压仓内，并使灌浆料拌合物克服管道阻力，达到灌浆部位。

（2）设备构造

电动螺杆式灌浆机由电动机、减速器、料斗、增压定子、测压接头、灌浆管和电器系统等部件组成。

（3）优点

1）灌浆压力可调，以满足不同黏度的灌浆料拌合物。

2）被动升压，便于控制和保持灌浆压力。

3）适合长时间、大体积和高压力灌浆。

2. 电动泵管挤压式灌浆机

（1）工作原理

电动泵管挤压式灌浆机的工作原理是：电动机带动减速器，通过传动轴转动三个挤压轴，使挤压轴与软泵管不断挤压，从而将灌浆料拌合物从料斗通过软泵管输送到灌浆部位。

（2）设备构造

电动泵管挤压式灌浆机由电动机、减速器、软泵管（灌浆管）、料斗和电器控制器等部件组成。

（3）优点

1）流量稳定，速度可调节。

2）适合不同黏度灌浆料拌合物。

3）体积小，移动方便。

3. 气动压力式灌浆机

（1）工作原理

气动压力式灌浆机是利用气压差，将封闭储料罐中的灌浆料拌合物通过灌浆管输送到灌浆部位。

（2）设备构造

气动压力式灌浆机由气泵、储料罐、压力表、输送软管（灌浆管）和枪头等部件组成。

（3）优点

1）灌浆压力可调。

2）操作简单，清洗方便，不易损坏。

4. 手动灌浆枪

手动灌浆枪适用于竖向单个套筒、制作灌浆接头、补浆以及水平钢筋连接套筒的灌浆；一般手动灌浆枪腔内的容量为 0.7L。

2.3.3　灌浆作业的类型

1. 机械灌浆

机械灌浆作业是利用灌浆机的机械压力，将搅拌好的灌浆料拌合物利用压力灌满整个封闭的空腔；再通过压力持续输送，直到充满整个套筒；在整个作业过程中，套筒上的出浆孔起到排气的作用，使灌浆料拌合物得到充分填充。出浆口也会影响灌浆是否饱满，是需要检测的部位。机械灌浆主要用于多个套筒同时灌浆，也可用于单个套筒灌浆。

2. 手动灌浆

手动灌浆主要适用于单个套筒及浆锚孔灌浆，利用手动灌浆枪的挤压压力，将灌浆料拌合物充满整个套筒或浆锚孔。

2.3.4　灌浆管

灌浆管为耐高压的橡胶管，能够承受的压力要与所使用的电动灌浆机灌注压力相匹配，一般提供的电动灌浆机配套的灌浆管承受压力可达 1.2MPa。

灌浆作业要求连续进行，不得中途停止作业，同时要求在灌浆作业后及时清理设备及灌浆管，避免灌浆管堵塞。

2.3.5　灌浆备用设备及配件

由于灌浆要求连续作业，所以需要配备相关的备用设备和设备配件（设备易损件）。

1. 发电机

（1）施工过程突然断电或施工现场无固定电源，需要利用发电机发电，解决电源问题。

（2）由于灌浆机及高压水枪功率通常较小，一般不超过 2kW，因此备用 3kW 的三相柴油发电机即可满足需要。

2. 高压水枪

（1）在灌浆作业施工过程中若出现意外情况，导致灌浆作业不能连续进行，需要用高压水枪，将灌浆料拌合物冲洗干净。

（2）高压水枪设备参考参数：功率 1.5kW，流量 5L/min，最大压力 9MPa。

3. 浆料搅拌器

由于灌浆需要连续作业，浆料搅拌器中电动机极易发热，有可能导致电动机烧毁，为避免影响施工，需要备用一台浆料搅拌器；浆料搅拌器的电刷及搅拌杆属于易损件，需要准备备用件。

4. 手动灌浆枪

手动灌浆枪属于易耗品，需要准备备用设备。

5. 电动灌浆机

电动灌浆机的轴套、压力表（如有）、灌浆管和电器元件等属于易损件，需要准备备用件。

2.3.6　灌浆材料

1. 套筒灌浆料

（1）材料组成

套筒灌浆料是以水泥为基本材料，配以细骨料、混凝土外加剂和其他材料组成的干混料，加水搅拌后达到规定的流动性、早强、高强和微膨胀等性能指标。

（2）性能指标

套筒灌浆料性能应符合现行行业标准《钢筋套筒灌浆连接应用技术规程》JGJ 355—2015 和《钢筋连接用套筒灌浆料》JG/T 408—2019 的规定。

不同生产厂家套筒灌浆料的性能均应符合行业标准的要求。灌浆料抗压强度越高，越有利于保证灌浆接头的连接性能；在规定范围内，灌浆料拌合物流动度越高越方便施工作业，也越容易保证灌浆饱满度。

在套筒灌浆料成品中，任意抽取小份产品进行检测，性能均应满足指标。

2. 浆锚搭接灌浆料

（1）材料组成

浆锚搭接灌浆料也是水泥基灌浆料，由于浆锚孔壁的抗压强度低于套筒，所以浆锚搭接灌浆料抗压强度低于套筒灌浆料抗压强度。

浆锚搭接灌浆料的主要材料有高强度水泥、级配骨料和外加剂等。

（2）性能指标

现行行业标准《装配式混凝土结构技术规程》JGJ 1—2014 中钢筋浆锚搭接连接接头用灌浆料的性能要求，见表 2-3。

钢筋浆锚搭接连接接头用灌浆料性能要求   表 2-3

项目		性能指标	试验方法标准
泌水率(%)		0	《普通混凝土拌合物性能试验方法标准》GB/T 50080—2016
流动度（mm）	初始值	≥200	《水泥基灌浆材料应用技术规范》GB/T 50448—2015
	30min 保留值	≥150	
竖向膨胀率（%）	3h	≥0.02	
	24h 与 3h 的膨胀率之差	0.02～0.5	

3. 接缝封堵及分仓材料

（1）坐浆料

1）材料组成：坐浆料也称高强封堵料，是装配式混凝土结构连接节点封堵密封及分仓使用的水泥基材料。

坐浆料的主要材料有高强度水泥、级配骨料和外加剂等。

2）性能指标：坐浆料具有强度高、干缩小、和易性好、可塑性好，封堵后无坍落、粘结性能好且方便使用的特点。

3）试验报告：坐浆料进场时，生产厂家应提供合格证和试验报告。

（2）接缝封堵及分仓的其他材料

接缝封堵及分仓材料除了坐浆料外，常用的材料还有木方、充气管、橡塑海绵胶条、木板、PVC 管和聚乙烯泡沫棒等。

1）橡塑海绵胶条一般采用的规格为宽度 15～20mm，厚度 25～30mm。具体宽度选用前应进行计算。

2）PVC 管一般采用的规格为外径 ϕ20mm。

3）聚乙烯泡沫棒一般采用的规格为外径 ϕ20mm。

4. 后浇混凝土区用的灌浆套筒

梁与梁或者梁与柱在后浇混凝土区的水平钢筋连接有时采用灌浆套筒连接，使用的套筒为全灌浆套筒。

（1）采用的全灌浆套筒规格型号应根据设计要求进行选用。

（2）灌浆套筒进场时，应按组批规则的要求从每一检验批中随机抽取 10 个灌浆套筒进行外观、标识和尺寸偏差的验收，并应满足下列要求：

1）灌浆套筒外表面不应有影响使用性能的夹渣、冷隔、砂眼、缩孔或裂纹等质量缺陷。

2）机械加工灌浆套筒表面不应有裂纹或影响接头性能的其他缺陷，端面或外表面的边棱处应无尖棱、毛刺。

3）灌浆套筒外表面标识应清晰。

4）灌浆套筒表面不应有锈皮。

（3）灌浆套筒尺寸偏差应符合《钢筋连接用套筒灌浆》JG/T 408—2019 的要求。

5. 堵孔塞

灌浆作业完成后一般用堵孔塞封堵灌浆套筒的灌浆孔与出浆孔及浆锚孔的灌浆孔,堵孔塞一般由耐酸、耐碱、耐腐蚀的橡塑材料或者其他软质的材料制成,以确保可以重复使用。

2.3.7 灌浆材料检验

1. 型式检验

(1) 型式检验的条件

有下列情况之一时,应进行型式检验:

1) 新产品的定型鉴定时。

2) 正式生产后如材料及工艺有较大变动,可能影响产品质量时。

3) 停产半年以上恢复生产时。

4) 型式检验超过两年时。

(2) 型式检验项目的内容

1) 初始流动度。

2) 30min 流动度。

3) 1d、3d 和 28d 抗压强度。

4) 3h 竖向自由膨胀率。

5) 竖向自由膨胀率(24h 与 3h 的差值)。

6) 氯离子含量、泌水率等。

2. 出厂检验

根据《钢筋连接用套筒灌浆料》JG/T 408—2019 规定,产品出厂时应进行出厂检验,出厂检验项目应包括以下几个方面:

1) 初始流动度。

2) 30min 流动度。

3) 3h 竖向自由膨胀率。

4) 竖向自由膨胀率(24h 与 3h 的差值)。

5) 泌水率。

3. 抗压强度检验

按批检验,以每层为一检验批。

每工作班应制作 1 组(3 个),且每层不应少于 3 组 40mm×40mm×160mm 的长方体试件。标准养护 28d 后进行抗压强度试验。

4. 流动度检测

灌浆料拌合物流动度是保证灌浆连接施工的关键性能指标。在任何情况下,流动度低于要求值的灌浆料拌合物都不能用于灌浆连接施工,以防止灌浆失败,造成事故或安全隐患。

灌浆施工前,应首先进行灌浆料拌合物流动度的检测,在流动度值满足要求后方可施工,灌浆作业应在灌浆料拌合物具有规定流动度值的时间(可操作时间)内完成。

5. 交货与验收

(1) 交货时生产厂家应提供产品合格证、质量保证书和使用说明书等文件资料。

（2）产品交货时质量验收可以抽取实物进行检验，以检验结果为验收依据；也可以以同批产品的检验报告作为验收依据。

（3）抽取实物验收应按照国家相关规范和标准进行抽样和检验。

6. 灌浆料保管

灌浆料的保管应注意以下几点：

（1）灌浆料存放应做到防水、防潮、防晒，存放在通风的地方，底部应使用托盘或木方隔垫，必要时库房可撒生石灰防潮。

（2）气温高于25℃时，灌浆料应储存于通风、干燥、阴凉处，运输过程中应注意避免阳光长时间照射。

（3）灌浆料保质期一般为90d，灌浆料应在保质期内使用完毕，灌浆料宜采取多次少量的方式进行采购。

2.4 吊具配置

任务引入

> PC构件吊装必须使用专用的吊具进行吊装作业。

任务实施

2.4.1 吊具形式

1. 点式吊具

点式吊具实际就是单根吊索或几根吊索吊装同一构件的吊具。

2. 梁氏吊具

梁氏吊具（一字形吊具）：采用型钢制作并带有多个吊点的吊具，通常用于吊装线形构件（如梁、墙板等）或用于柱安装。

3. 架式吊具

架式吊具（平面式吊具）：对于平面面积较大、厚度较薄的构件以及形状特殊无法用点式或梁式吊具吊装的构件（如叠合板、异形构件等），通常采用架式吊具。

4. 特殊吊具

特殊吊具是指为特殊构件量身定做的吊具。

5. 吊装工程配件及工具清单

吊装工程配件及工具清单见表2-4。

2.4.2 吊具验算

1. 两个吊点吊装梁及吊绳计算书

此装配式预制构件吊装梁限载8t，其稳定性验算主要包括主梁、钢丝绳、吊具。计算中采用的设计值为恒载标准值的1.2倍与活载标准值的1.4倍。

吊装工程配件及工具清单（单位：mm）　　　表 2-4

序号	名称	标准图片	备注	序号	名称	标准图片	备注
1	L形连接件		外墙板阴角处拼缝连接 规格：125×125×8角钢	12	套筒		与电动扳手配套使用，用于固定螺栓紧固
2	墙板定位件		外墙板底部限位连接，内隔墙定位用	13	自攻钉		斜支撑固定、墙板定位件底部固定 规格：M10×75
3	吊爪		预制构件吊装	14	对讲机		沟通联络
4	撬棍		调整预制构件标高和调整落位偏差	15	塑料垫块		调整标高 规格：70×70×2(3、5、10、20)
5	防坠器		安全防护用品	16	Z字形梁底夹具		外墙叠合梁支撑
6	一字连接件		外墙板拼缝连接 规格：腰行孔220×100×5	17	电锤		钻孔
7	一字加长连接件		两块外墙板套筒间隔较大处（两块外墙板中隔着一块墙板）规格：腰行孔440×100×5	18	钻花		与电锤配套使用
8	卸扣		预制构件吊装	19	开口扳手		固定螺栓紧固
9	钢丝绳		预制构件吊装	20	普通斜支撑		墙板临时固定
10	安全带		安全防护用品	21	电动扳手		紧固固定螺栓
11	固定螺栓		斜支撑固定、L形连接件固定、一字连接件固定、墙板定位件固定 规格：M16×30	22	定位钢板		调整预制剪力墙插筋间距

有关计算参数：预制构件自重密度为 25kN/m³，吊装梁的材质为 Q235 钢，$f=$ 215MPa，$l=3.95m$，截面形式采用一对 20 号工字钢，截面面积 A_2 为 $2×2880=$ 5760mm²，回转半径 $i=78.6mm$。

吊装所用钢丝绳的主要技术数据见表 2-5。

吊装所用钢丝绳的主要技术数据   表 2-5

直径(mm)		钢丝绳抗拉强度(MPa)	钢丝绳破断拉力总和(kN)
钢丝绳	钢丝		
18.5	1.2	2000	257
26	1.7	2000	517
本项目每个主体工程构件吊装钢丝绳选用三组(保险增大一号用绳)			
主绳	$\phi28$	(4~6m)×2 根 +重型 10.7t 卸甲×4	一组
墙体构件	$\phi20$	2m×4+10t 卸甲×8	一组
楼板及楼梯构件	$\phi18.5$	4m×6+8t 卸甲×12	一组

（1）主梁稳定性验算

预制构件的自重为 80kN，其自重设计值为 $G=80×1.2=96kN$。吊装梁受力示意图如图 2-3 所示。

则钢丝绳对吊装梁的拉力 $T=T_y/\sin60°=0.5G/\sin60°=48/\sin60°=55.425kN$。

水平分力 $T_x=T_y/\tan60°=0.5G/\tan60°=48/\tan60°=27.712kN$，即吊装梁轴心受压，压力大小为 T_x，需对其做稳定性验算。

按轴心受压稳定性要求确定吊装梁的允许承载力。

吊装梁的长细比：$\lambda=\dfrac{\mu l}{i}=\dfrac{1×3950}{78.6}=50.26$；

由计算的 $\lambda=50.26$ 查轴心受压构件的稳定系数表得 ϕ $=0.856$。

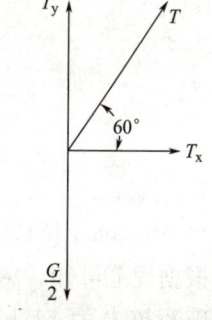

图 2-3 吊装梁受力示意图（两个吊点）

吊装梁的容许承载力为：$N=\phi A_2 f=0.856×5760×215=1060kN>27.712kN=T_x$。那么吊装梁满足设计要求，其承载力足够。

（2）焊缝强度验算

按吊装梁最大内力值 27.712kN 计算，焊脚尺寸 h_f 为 9mm，故焊缝有效厚度 $h_c=$ $0.7h_f=6.3mm$，焊缝长度应为 $L_w=N/(h_c×f_f^w)=27712/(6.3×160)=27.5mm$。实际焊缝长度大于 100mm，满足要求。

（3）钢丝绳抗拉强度验算

如图 2-4 所示，自上而下对钢丝绳进行编号，钢丝绳 1 的直径为 26mm，共计 2 根，位于吊装梁上方；钢丝绳 2 的直径为 18.5mm，共计 2 根，位于吊装梁下方。

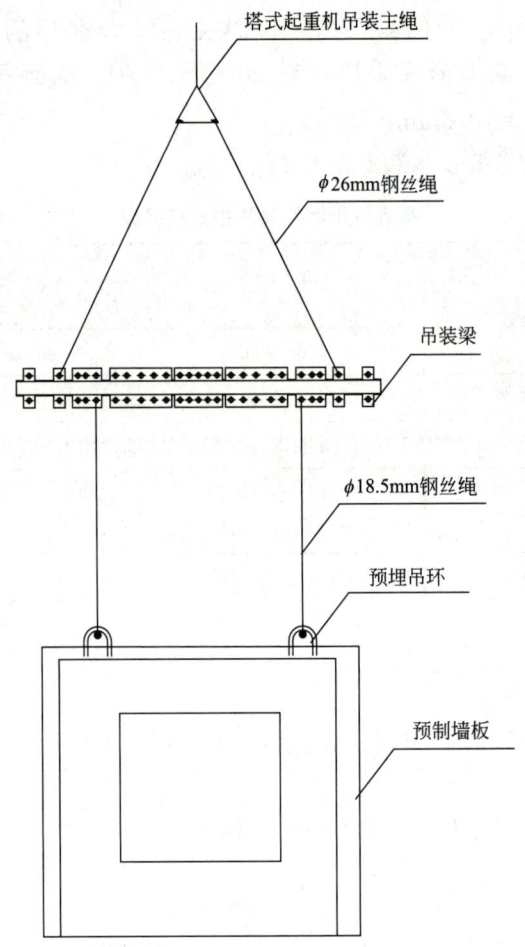

图 2-4 双吊点预制墙板吊装示意图

1）钢丝绳 1 抗拉强度验算

根据规范可知，用于起重安装钢丝绳安全系数为 5.0，而单根直径 26mm 钢丝绳 1 可承受破断拉力为 517kN（见表 2-5），所以设计可承受拉力为 $517/5 = 103.4kN > T = 55.425kN$。

则钢丝绳 1 满足设计要求。

2）钢丝绳 2 抗拉强度验算

根据规范可知，用于起重安装钢丝绳安全系数为 5.0，而单根直径 18.5mm 钢丝绳 2 可承受破断拉力为 257kN（见表 2-5），所以设计可承受拉力为 $257/5 = 51.4kN > G/2 = 48kN$。

则钢丝绳 2 满足设计要求。

2. 三个吊点吊装梁及吊绳计算书

（1）主梁稳定性验算

预制构件的自重为 80kN，其自重设计值为 $G = 80 \times 1.2 = 96kN$，吊装梁长度 6m，受力示意图如图 2-5 所示。

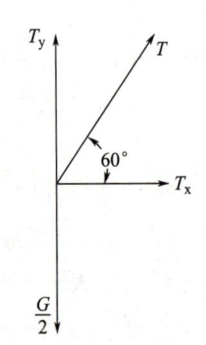

图 2-5 吊装梁受力示意图
（三个吊点）

则钢丝绳对吊装梁的拉力 $T = T_y / \sin 60° = 0.5G / \sin 60° = 48 / \sin 60° = 55.425 \text{kN}$。

水平分力 $T_x = T_y / \tan 60° = 0.5G / \tan 60° = 48 / \tan 60° = 27.712 \text{kN}$，即吊装梁轴心受压，压力大小为 T_x，需对其做稳定性验算。

按轴心受压稳定性要求确定吊装梁的允许承载力。

吊装梁的长细比：$\lambda = \dfrac{\mu l}{i} = \dfrac{1 \times 6000}{78.6} = 76.3$；

由计算的 $\lambda = 76.3$ 查轴心受压构件的稳定系数表得 $\phi = 0.714$。

吊装梁的容许承载力为：$N = \phi A_2 f = 0.714 \times 5760 \times 215 = 884.217 \text{kN} > 27.712 \text{kN} = T_x$。那么吊装梁满足设计要求，其承载力足够。

（2）焊缝强度验算

按吊装梁最大内力值 27.712kN 计算，焊脚尺寸 h_f 为 9mm，故焊缝有效厚度 $h_c = 0.7 h_f = 6.3 \text{mm}$，焊缝长度应为 $L_w = N / (h_c \times f_f^w) = 27712 / (6.3 \times 160) = 27.5 \text{mm}$。实际焊缝长度大于 100mm，满足要求。

（3）钢丝绳抗拉强度验算

如图 2-6 所示，自上而下对钢丝绳进行编号，钢丝绳 1 的直径为 26mm，共计 2 根，

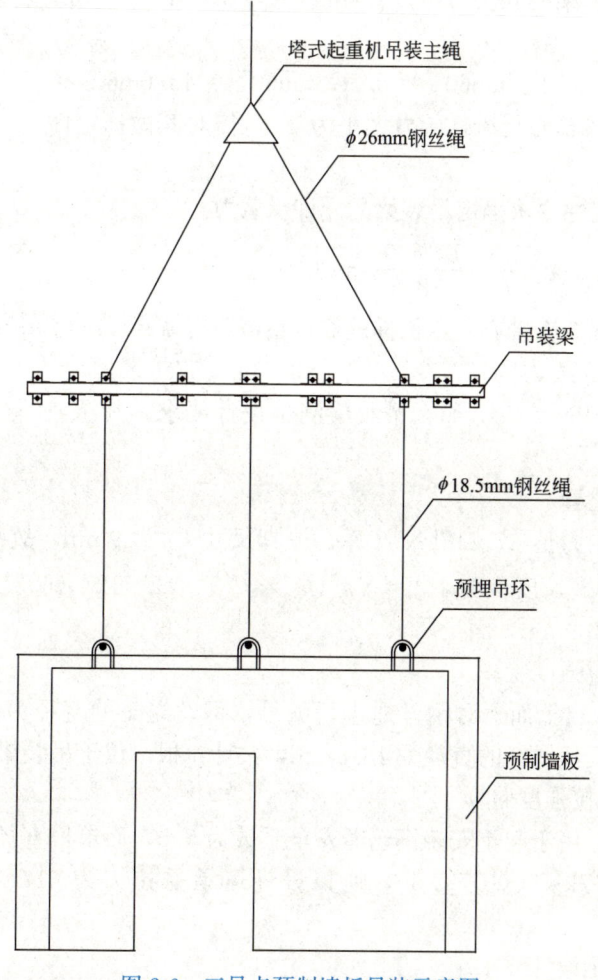

图 2-6　三吊点预制墙板吊装示意图

位于吊装梁上方；钢丝绳 2 的直径为 18.5mm，共计 3 根，位于吊装梁下方。

1）钢丝绳 1 抗拉强度验算

根据规范可知，用于起重安装钢丝绳安全系数为 5.0，而单根直径 26mm 钢丝绳 1 可承受破断拉力为 517kN（见表 2-5），所以设计可承受拉力为 $517/5 = 103.4\text{kN} > T = 55.425\text{kN}$。

则钢丝绳 1 满足设计要求。

2）钢丝绳 2 抗拉强度验算

根据规范可知，用于起重安装钢丝绳安全系数为 5.0，而单根直径 18.5mm 钢丝绳 2 可承受破断拉力为 257kN（见表 2-5），所以设计可承受拉力为 $257/5 = 51.4\text{kN} > G/3 = 32\text{kN}$。

则钢丝绳 2 满足设计要求。

3. 四个吊点吊装梁及吊绳计算书

（1）主梁稳定性验算

预制墙体的自重为 80kN，其自重设计值为 $G = 80 \times 1.2 = 96\text{kN}$，吊梁梁长 6m，吊装梁受力示意图如图 2-7 所示。

则钢丝绳对吊装梁的拉力 $T = T_y/\sin 60° = 0.5G/\sin 60° = 48/\sin 60° = 55.425\text{kN}$。

水平分力 $T_x = T_y/\tan 60° = 0.5G/\tan 60° = 48/\tan 60° = 27.712\text{kN}$，即吊装梁轴心受压，压力大小为 T_x，需对其做稳定性验算。

按轴心受压稳定性要求确定吊装梁的允许承载力。

吊装梁的长细比：$\lambda = \dfrac{\mu l}{i} = \dfrac{1 \times 6000}{78.6} = 76.3$；

由计算的 $\lambda = 76.3$ 查轴心受压构件的稳定系数表得 $\phi = 0.714$。

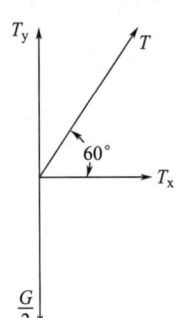

图 2-7　吊装梁受力示意图（四个吊点）

吊装梁的容许承载力为：$N = \phi A_2 f = 0.714 \times 5760 \times 215 = 884.217\text{kN} > 27.712\text{kN} = T_x$。那么吊装梁满足设计要求，其承载力足够。

（2）焊缝强度验算

按吊装梁最大内力值 27.712kN 计算，焊脚尺寸 h_f 为 9mm，故焊缝有效厚度 $h_c = 0.7h_f = 6.3\text{mm}$，焊缝长度应为 $L_w = N/(h_c \times f_f^w) = 27712/(6.3 \times 160) = 27.5\text{mm}$。实际焊缝长度大于 100mm，满足要求。

（3）钢丝绳抗拉强度验算

如图 2-8 所示，自上而下对钢丝绳进行编号，钢丝绳 1 的直径为 26mm，共计 2 根，位于吊装梁上方；钢丝绳 2 的直径为 18.5mm，共计 4 根，位于吊装梁下方。

1）钢丝绳 1 抗拉强度验算

根据规范可知，用于起重安装钢丝绳安全系数为 5.0，而单根直径 26mm 钢丝绳 1 可承受破断拉力为 517kN（见表 2-5），所以设计可承受拉力为 $517/5 = 103.4\text{kN} > T = 55.425\text{kN}$。

则钢丝绳 1 满足设计要求。

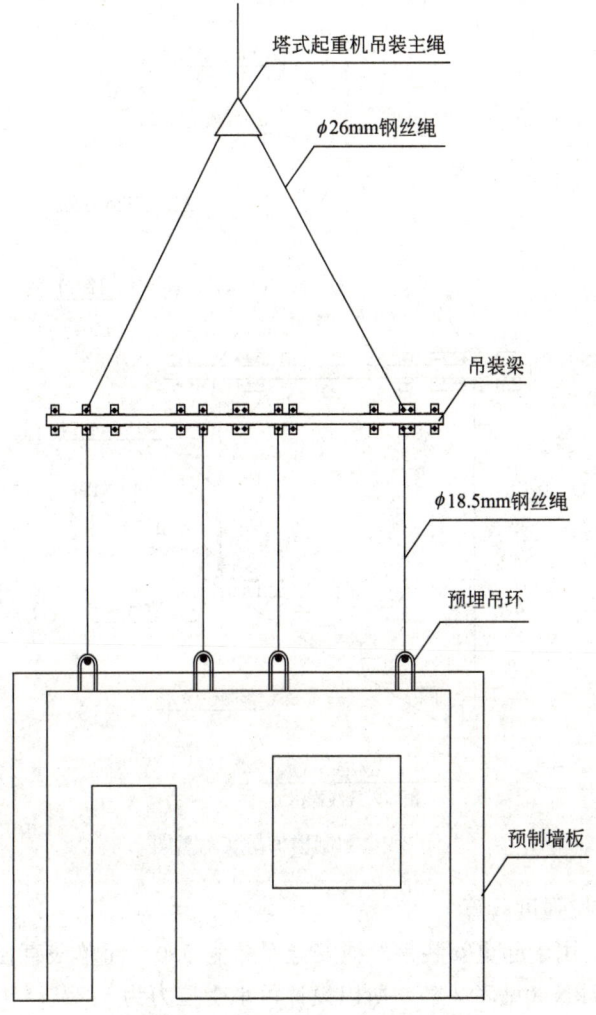

塔式起重机吊装主绳

ϕ26mm钢丝绳

吊装梁

ϕ18.5mm钢丝绳

预埋吊环

预制墙板

图 2-8　四吊点预制墙板吊装示意图

2）钢丝绳 2 抗拉强度验算

根据规范可知，用于起重安装钢丝绳安全系数为 5.0，而单根直径 18.5mm 钢丝绳 2 可承受破断拉力为 257kN（见表 2-5），所以设计可承受拉力为 257/5＝51.4kN＞G/4＝24kN。

则钢丝绳 2 满足设计要求。

4. 预制楼梯吊装

有关计算参数：预制楼梯最大自重设为 4t，其自重为 40kN，自重设计值 $G＝40\times1.2＝48$kN，预制楼梯自重密度为 25kN/m³，吊装梁的材质为 Q235 钢，$f＝215$MPa，截面型式采用一对 20 号槽钢翼缘向内，截面面积为 $2\times2880＝5760$mm²，回转半径 $i＝78.6$mm。

（1）钢丝绳抗拉强度验算

如图 2-9 所示，自上而下对钢丝绳进行编号，钢丝绳 1 为塔式起重机构件主吊绳；钢丝绳 2 的直径为 18.5mm，位于吊装梁上方，共计 2 根；钢丝绳 3 的直径为 18.5mm，位

35

于吊装梁下方，共计 4 根。

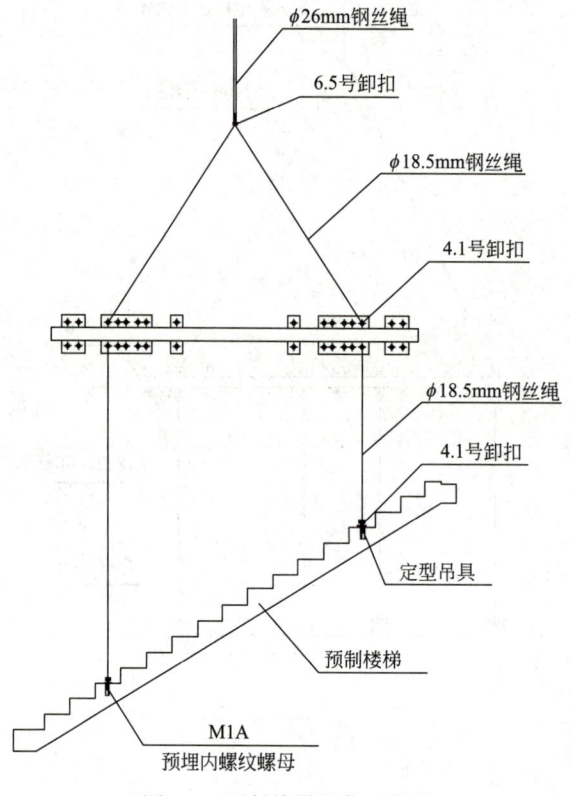

图 2-9　预制楼梯吊装示意图

1）钢丝绳 1 抗拉强度验算

根据规范可知，用于起重安装钢丝绳安全系数为 5.0，而单根直径 26mm 钢丝绳 1 可承受破断拉力为 517kN（见表 2-5），所以设计可承受拉力为 $517/5＝103.4kN＞G＝48kN$。

则钢丝绳 1 满足设计要求。

2）钢丝绳 2 抗拉强度验算

根据规范可知，用于起重安装钢丝绳安全系数为 5.0，而单根直径 18.5mm 钢丝绳 2 可承受破断拉力为 257kN（见表 2-5），所以设计可承受拉力为 $257/5＝51.4kN＞T＝27.712kN$。

则钢丝绳 2 满足设计要求。

3）钢丝绳 3 抗拉强度验算

根据规范可知，用于起重安装钢丝绳安全系数为 5.0，而单根直径 18.5mm 钢丝绳 3 可承受破断拉力为 257kN（见表 2-5），所以设计可承受拉力为 $257/5＝51.4kN＞G/4＝12kN$。

则钢丝绳 3 满足设计要求。

（2）吊具抗拉强度验算

预制楼梯吊装时，首先将楼梯预埋的内螺纹螺母与吊具通过高强螺栓连接好，再将钢丝绳穿过吊具顶部的吊装孔来实现楼梯与吊装梁之间可靠的固定。每个楼梯布设了 4 个吊装预埋件，则每个楼梯安装 4 个吊具。吊具中使用 8.8 级高强螺栓直径为 20mm。

吊具竖直拉力 $N=40\times1.2/4=12$kN，M20 螺栓的小径 $d=17.294$mm，截面面积 $A=234.78$mm^2，安全系数取为 5.0，另 8.8 级高强螺栓的抗拉强度设计值为 830MPa，M20 螺栓所受拉应力为 $12\times10^3/234.78\times10^{-6}=51.1MPa<f_t^b/S=830/5MPa=166$MPa，满足设计要求。

所以，预制构件吊装梁及吊具满足设计要求。

2.5 PC 施工材料

装配式建筑施工除了现浇混凝土工程所需要的材料外，有一些装配式建筑专用的施工材料，PC 构件对施工现场而言也属于施工材料和部件的一部分。

任务实施

2.5.1 PC 施工材料制备

PC 工程施工的部件和材料包括灌浆料、灌浆胶塞、灌浆堵缝材料、机械套筒、调整标高螺栓或垫片、临时支撑部件、固定螺栓、安装节点金属连接件、止水条、密封胶条、耐候建筑密封胶、发泡聚氨酯保温材料、修补料、防火塞缝材料等，这些部件和材料进场须依据设计图样和有关规范进行验收和保管。

1. 材料计划

根据施工进度计划和安装图样编制材料采购、进场计划，计划一定要细致，细化到每一个螺栓、每一个垫片；进场时间计划到每一天。

PC 施工用的一些部件与材料不是常用的建筑材料，工程所在地附近可能没有厂家，材料计划的采购、进场时间应考虑远途运输的因素。

2. 部件与材料采购

（1）根据设计要求的标准或业主指定的品牌采购施工用部件与材料。

（2）PC 构件支撑系统可从专业厂家租用，或委托专业厂家负责支撑施工；应提前签订租用或对外委托施工合同。

（3）灌浆料必须采购与所用套筒相匹配的品牌。

（4）安装节点连接件机械加工和镀锌，对外委托合同中应详细给出质量标准，镀锌层应给出厚度要求等。

3. 材料进场

PC 用部件与材料进场必须进行进场检验，包括数量、规格、型号检验，合格证、化验单等手续和外观检验。

4. 材料储存保管

（1）PC 施工用部件、材料宜单独保管。

（2）PC 用部件、材料应在室内库房存放，灌浆料等材料要避免受潮。

（3）PC 施工用部件、材料应按有关材料存放标准的规定保管。

2.5.2 PC 构件进场检验

虽然 PC 构件在制作过程中有监理人员驻厂检查，每个构件出厂前也进行出厂检验，但 PC 构件入场时仍必须进行质量检查验收。

PC 构件到达现场，现场监理人员及施工单位质检人员应对进入施工现场的构件以及构件配件进行检查验收，包括数量核实、规格型号核实、检查质量证明文件（或质量验收记录）以及质量检验。

一般情况下，PC 构件直接从车上吊装，所以数量、规格、型号的核实和质量检验在车上进行，检验合格可以直接吊装，即使不直接吊装将构件卸到工地堆场，也应当在车上进行检验，一旦发现不合格构件，直接运回工厂处理。

1. 数量核实与规格型号核实

（1）核对进场构件的规格型号和数量，将清点核实结果与发货单对照（拍照记录）。有误及时与构件制造工厂联系。

（2）构件到达施工现场应当在构件计划总表或安装图样上用醒目的颜色标记。并据此统计出工厂尚未发货的构件数量，避免出错。

（3）如有随构件配置的安装附件，须对照发货清单一并验收。

2. 质量证明文件检查

质量证明文件检查属于主控项目，即"对安全、节能、环境保护和主要使用功能起决定性作用的检验项目"。须检查每一个构件的质量证明文件，也就是进行全数检查。

PC 构件质量证明文件包括：

（1）PC 构件产品合格证明书。

（2）混凝土强度检验报告。

（3）钢筋套筒与灌浆料拉力试验报告。

（4）其他重要检验报告。

PC 构件的钢筋、混凝土原材料、预应力材料、钢筋套筒、预埋件等检验报告和构件制作过程的隐蔽工程记录，在构件进场时可不提供，应在 PC 构件制作企业存档。

对于总承包企业自行制作预制构件的情况，没有进场的验收环节，质量证明文件检查为检查构件制作过程中的质量验收记录。

3. 质量检验

PC 构件的质量检验是在预制工厂检查合格的基础上进行进场验收，外观质量应全数检查，尺寸偏差为按批抽样检查。

（1）外观严重缺陷检验

PC 构件外观严重缺陷是主控项目，须全数检查。通过观察、尺量的方式检查。

PC 构件不应有严重缺陷，且不应有影响结构性能和安装、使用功能的尺寸偏差。

严重缺陷包括纵向受力钢筋有露筋；构件主要受力部位有蜂窝、孔洞、夹渣、疏松；有影响结构性能或使用功能的裂缝；连接部位有影响使用功能或装饰效果的外形缺陷；具有重要装饰效果的清水混凝土构件表面有外表缺陷；石材反打、装饰面砖反打和装饰混凝土表面有影响装饰效果的外表缺陷等。

如果 PC 构件存在上述严重缺陷或存在影响结构性能和安装、使用功能的尺寸偏差，不能安装的，须由 PC 工厂进行处理。技术处理方案经监理单位同意方可进行处理；对裂缝或连接部位的严重缺陷及其他影响结构安全的严重缺陷，技术处理方案尚应经设计单位认可，处理后的构件应重新验收。

（2）预留插筋、埋置套筒、预埋件等检验

对 PC 构件外伸钢筋、套筒、浆锚孔、钢筋预留孔、预埋件、预埋避雷带、预埋管线等进行检验。此项检验是主控项目，须全数检查。如果不符合设计要求不得安装。

其中：

1）外伸钢筋须检查钢筋类型、直径、数量、位置、外伸长度是否符合设计要求。

2）套筒和浆锚孔须检查数量、位置以及套筒内是否有异物堵塞。

3）钢筋预留孔检查数量、位置以及预留孔内是否有异物堵塞。

4）预埋件检查数量、位置、锚固情况。

5）预埋避雷带检查数量、位置、外伸长度。

6）预埋管线检查数量、位置以及管内是否有异物堵塞。

（3）梁板类简支受弯构件结构性能检验

梁板类简支受弯构件或设计有要求的构件进场时须进行结构性能检验。结构性能检验是针对构件的承载力、挠度、裂缝宽度等各项指标所进行的检验，属于主控项目。

工地往往不具备结构性能检验的条件，可在构件预制工厂进行，监理、建设和施工方代表应当在场。

受弯预制构件结构性能检验要求与方法如下。

1）钢筋混凝土构件和允许出现裂缝的预应力混凝土构件应进行承载力、挠度和裂缝宽度检验；不允许出现裂缝的预应力混凝土构件应进行承载力、挠度和抗裂检验。

2）对大型构件及有可靠应用经验的构件，可只进行裂缝宽度、抗裂和挠度检验。

3）对使用数量较少的构件，当能提供可靠依据时，可不进行结构性能检验。

（4）构件受力钢筋和混凝土强度实体检验

对于不需要做结构性能检验的所有预制构件，如果监理或建设单位派出代表驻厂监督生产过程，对进场构件可以不做实体检验。否则，将对进场构件的受力钢筋和混凝土进行实体检验。此项为主控项目，抽样检验。

检验数量为同一类预制构件不超过 1000 个为一批，每批抽取一个构件进行结构性能检验。

同一类是指同一钢种、同一混凝土强度等级、同一生产工艺和同一结构形式。受力钢筋需要检验数量、规格、间距、保护层厚度。混凝土需要检验强度等级。

实体检验宜采用不破损的方法进行检验。使用专业探测仪器。在没有可靠仪器的情况下，也可以采用破损方法。

（5）标识检查

标识检查属于一般项目检验，除主控项目以外的检验项目为一般项目。标识检查为全数检查。

标识检查内容包括制作单位、构件编号、型号、规格、强度等级、生产日期、质量验收标志等。

（6）外观一般缺陷检查

外观一般缺陷检查为一般项目，需全数检查。

一般缺陷包括纵向受力钢筋以外的其他钢筋有少量露筋；非主要受力部位有少量蜂窝、孔洞、夹渣、疏松、不影响结构性能或使用性能的裂缝；连接部位有基本不影响结构传力性能的缺陷；不影响使用功能的外形缺陷和外表缺陷。一般缺陷应当由制作工厂处理后重新验收。

（7）尺寸偏差检查

需要检查尺寸误差、角度误差和表面平整度误差，检查项目同时应当拍照记录与质量验收记录一并存档。

2.5.3　PC构件场地存放

一般情况下，工地存放构件的场地较小，构件存放期间易被磕碰或污染。所以，应合理安排构件进场节奏，尽可能减少现场存放量和存放时间。

构件存放场地宜邻近各个作业面，如南立面和北面的构件分别在该立面设置场地存放。

预制构件场地存放应符合下列规定：

（1）在塔式起重机有效作业范围内，但又不在高处作业下方，避免坠落物砸坏构件或造成污染。

（2）构件存放区域要设置隔离围挡或车挡，避免构件被工地车辆碰坏。

（3）存放场地平整、坚实，如果不是硬覆盖场地，场地应当夯实，表面铺上砂石；场地应有排水措施。

（4）构件在工地存放，支垫、靠架等与工厂堆放的要求一样。

（5）构件堆放位置应考虑吊装顺序。

（6）如果预制构件临时堆场安排在地下车库顶板上时，车库顶板应考虑堆放构件荷载对顶板的影响。

2.6　现场道路与场地

任务引入

装配式混凝土结构工程施工中需要考虑大型车辆设备的进出。

 任务实施

2.6.1　现场道路

PC工程现场道路的要求是：

（1）应满足运输构件的大型车辆的宽度，转弯半径要求和荷载要求，路面平整。

（2）除对现场道路有要求外，必须对部品运输路线，桥涵限高、限行进行实地勘察，以满足要求。如果有超限部品的运输应当提前办理特种车辆运输手续。

（3）规划好车辆行驶路线，另外也要考虑现场车辆进出大门的宽度以及高度。常用运输车辆宽 4m、车长 16～20m。

（4）有条件的施工现场设两个门，一进一出，不影响其他运输构件车辆的进出，有利于直接从车上起吊构件安装。

（5）工地也可使用挂车运输构件，将挂车车厢运到现场存放，车头开走再运其他挂车车厢。

2.6.2　现场场地

装配式建筑的安装施工计划应考虑构件直接从车上吊装，如此不用二次运转，不需要存放场地，减少了塔式起重机工作量。国外技术成熟的 PC 工程吊装计划细分到每天每小时作业内容，构件运输的时间与现场构件检查、吊装的时间衔接得非常紧凑，施工现场很少有专用的构件存放场地。一般都是来一车吊装一车，效率非常高。

考虑国内实际情况，施工车辆在一些时间段限行，在一些区域限停，工地不得不准备构件临时堆放场地。

施工现场预制构件临时堆放堆场的要求：

（1）在起重机作业半径覆盖范围。

（2）地面硬化平整、坚实，有良好的排水措施。

（3）如果构件存放到地下室顶板或已经完工的楼层上，必须征得设计单位的同意，楼盖承载力满足堆放要求。

（4）场地布置应考虑构件之间的人行通道，方便现场人员作业，道路宽度不宜小于 600mm。

（5）场地设置要根据构件类型和尺寸划分区域分别存放。

（6）构件临时场地应避免布置在高处作业下方。

💡 **思考与练习**

一、单选题

1. 吊装作业时，如遇到雨、雪、雾天气，或者风力大于（　　）级时，不得进行吊装作业。

A. 5　　　　　　B. 6　　　　　　C. 7　　　　　　D. 4

2. 施工现场道路宽度须保证大型构件运输车辆同时进出，道路宽度一般（　　）。

A. 不大于 6m　　B. 不小于 4m　　C. 不小于 2m　　D. 不小于 8m

3. PC 作业增加了（　　）新工种。

A. 测量工　　　　　　　　　　B. 钢筋工

C. 灌浆料制备工　　　　　　　D. 架子工

4. 常用运输车辆宽和长分别为（　　）。

A. 4.5m，16～20m　　　　　　B. 4m，16～20m

C. 4m，16～21m　　　　　　　D. 5m，16～20m

5. 灌浆管为耐高压的橡胶管，能够承受的压力要与所使用的电动灌浆机灌注压力相匹配，一般提供的电动灌浆机配套的灌浆管承受压力可达（　　）MPa。

A. 1.2　　　　　　B. 1.8　　　　　　C. 1.5　　　　　　D. 2.2

6. 灌浆料保质期一般为（　　）d，灌浆料应在保质期内使用完毕，灌浆料宜采取多次少量的方式进行采购。

A. 60　　　　　　　B. 90　　　　　　　C. 45　　　　　　　D. 100

7. PC 构件须检查每一个构件的质量证明文件，也就是进行全数检查。此项检验属于（　　）。

A. 主控项目　　　　B. 一般项目　　　　C. 保证项目　　　　D. 基本项目

8. PC 构件的钢筋、混凝土原材料、预应力材料、套筒、预埋件等检验报告和构件制作过程的隐蔽工程记录，在构件进场时可不提供，应在（　　）存档。

A. 监理单位　　　　　　　　　　　B. PC 构件制作企业

C. 质量检验机构　　　　　　　　　D. 施工单位

9. 构件受力钢筋和混凝土强度实体检验，检验数量为：同一类预制构件不超过（　　）个为一批。

A. 1000　　　　　　B. 800　　　　　　C. 1200　　　　　　D. 1500

10. PC 构件外观一般缺陷检查须进行全数检查。此项检验属于（　　）。

A. 主控项目　　　　B. 一般项目　　　　C. 保证项目　　　　D. 基本项目

二、多选题

关于预制构件运输要求说法正确的有（　　）。

A. 各类构件首车运输时必须有专人跟车

B. 重载车辆可以根据需要随意更改路线

C. 工厂务必严格监管 PC 构件运输时的车辆行驶速度

D. 行驶里程达到 30km 时必须保留记录拍照留底

E. 行驶里程达到 100km 时必须停车检查构件绑扎情况

三、判断题

1. 预制构件堆放场区要夯实硬化。　　　　　　　　　　　　　　　　（　　）

2. 预制楼板、叠合板、阳台板和空调板等构件宜平放，叠放层数不宜超过 6 层。

　　　　　　　　　　　　　　　　　　　　　　　　　　　　　　（　　）

3. 6 级及以上的大风天气应停止吊装作业。　　　　　　　　　　　（　　）

4. 相比动臂起重机，平臂起重机可以实现大起重量、大起升高度、大起升速度。

　　　　　　　　　　　　　　　　　　　　　　　　　　　　　　（　　）

5. PC 施工与现浇混凝土建筑，现场作业测量工、塔式起重机驾驶员的工作内容没有变化。　　　　　　　　　　　　　　　　　　　　　　　　　　　（　　）

Chapter 03

任务 **3**

装配式混凝土结构
工程施工方案

 **学习目标**

本任务围绕 PC 施工方案展开。讲解了施工方案的总体要求，针对施工方案各个环节，结合装配式相关规范以及企业标准展开讲解。通过本任务的学习，学生需对装配式混凝土结构构件施工方案内容有所了解，具备熟练识读施工方案以及用施工方案指导施工的能力。

能力目标

通过本任务的学习，能叙述装配式混凝土结构工程施工方案的组成内容和要求。

德育目标

培养学生在 PC 构件施工中严格遵守国家及行业规范的职业素养，在 PC 构件施工学习过程中培养学生自主学习专业新知识的能力，养成工程师从业所需的吃苦耐劳的品质。

任务导入

PC 工程施工需要事先制定详细的施工技术方案，其主要内容包括运输构件车辆的道路设计、构件运输与堆放、构件进场验收、起重设备配置与布置、吊装工艺流程、质量保证措施、安全保证措施等。

思维导图

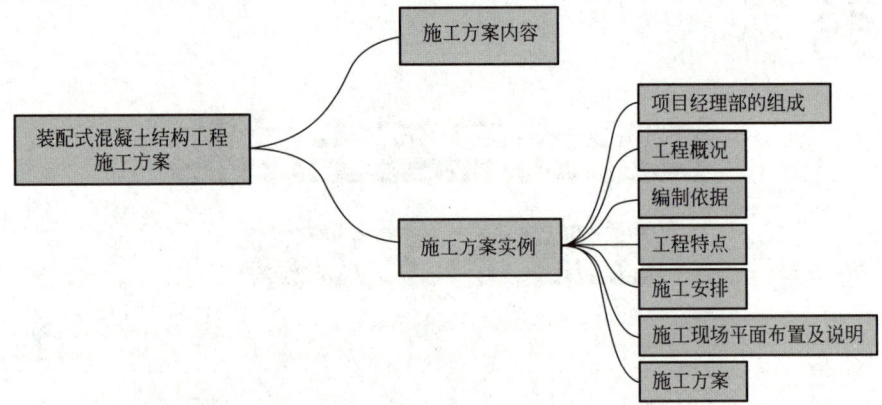

3.1　施工方案内容

任务实施

3.1.1　工地内运输构件车辆的道路设计

运输构件车辆车身较长（一般为13m），负载较重，PC工程施工现场应设计方便车辆进出、调头的道路。如果不采用硬质路面，需保证道路坚实、路面平整、排水通畅。

3.1.2　构件运输与堆放

尽可能实现构件直接从运输车上吊装，减少二次卸车、临时堆放、场内运输等环节。为此需了解工厂到工地道路限行规定，工厂制作和运输计划必须与安装计划紧密合拍。

如果无法实现或无法全部实现直接吊装，应考虑卸车—临时堆放—场内运输方案，需布置堆场、设计构件堆放方案和隔垫措施。当工地塔式起重机作业负荷饱满或没有覆盖卸车地点时，须考虑汽车式起重机卸车的作业场地。

如果施工现场无法进行车上直接吊装，就需要设计构件堆放场地与水平运输方案，包括：

1. 确定构件堆放方式、隔垫方式，设计靠放架等。
2. 根据构件存放量与堆放方式计算场地面积。
3. 选定场地位置、设计进场道路等；要求场地坚实，排水顺畅。
4. 如果场地不在塔式起重机作业半径内，须设计构件装卸水平运输方案。

3.1.3　构件进场验收

1. 确定构件进场验收的检查项目与检查验收方法。
2. 当采用从运输车上直接吊装方案时，检查在车上进行，由于空间和角度都受到限制，须设计专门的检查验收方案以及准备相应的检查工具，无法直接观察的部位可用探镜检查。

3. 当采用临时堆放方案时，制定在场地检查验收的方案。

3.1.4 起重设备配置与布置

1. 起重设备的选型与配置根据构件重量、起重机中心距离最远构件的距离、吊装作业量和构件吊装作业速度确定。

2. 起重设备的布置宜进行图上作业，起重机有效作业区域应覆盖所有吊装工作面，不留盲区。最常见的布置方式是在建筑物旁侧布置。

3. 对层数不高、平面范围较大的裙楼，塔式起重机不易覆盖时，可采用汽车式起重机吊装方案，汽车式起重机作业场地应符合汽车式起重机架立的要求。

3.1.5 吊装工艺流程

装配式混凝土结构吊装工艺流程见表 3-1。

吊装工艺流程   表 3-1

工序	工作要点	注意事项	工序	工作要点	注意事项
1. 工具的准备与检查	(1) 根据工作内容与工作量准备工具。 (2) 检查工具能否正常工作	(1) 事先熟悉图纸。 (2) 事先制定材料和工具计划	4. 确认构件编号	对照楼面构件编号与堆场（或拖车）上即将起吊的构件编号是否一致	(1) 确认构件的信息无误后方可进行下一步操作。 (2) 按堆放顺序选择构件，切勿构件中间抽空起吊
2. 构件的检查	(1) 平整度检查。 (2) 检查埋孔是否通畅。 (3) 检查柱子埋孔深度。 (4) 检查构件是否有缺棱掉角、蜂窝、麻面、开裂等质量问题	(1) 墙板的连接钢筋位置检查，为便于施工，相邻两块墙板先装预留钢筋位置低的墙板。 (2) 根据吊装顺序依次堆放构件	5. 安装吊钩	(1) 检查吊钉周围是否有蜂窝、麻面、开裂等影响吊钉受力的情况。 (2) 根据墙板的大小及重量，选择合适的吊具，并按要求将吊钩安装在吊钉上	(1) 安装前检查吊钩是否牢靠。 (2) 安装完检查吊钩与吊钉连接是否牢固。 (3) 挂钩必须使用双梯作业
3. 轴线标高复核	(1) 复核主控线尺寸。 (2) 复核控制线尺寸。 (3) 复核垫块标高。 (4) 粘贴 PE 棒。 (5) 分仓缝设置	(1) 外墙高于楼面 100mm 的在距离墙板内侧 200mm 处应有控制线。 (2) 确认以建筑标高和结构标高中哪个为基准。 (3) 垫块放置位置应根据垫块布置图布置，如无布置图，则按两侧对称放置，距两侧 300～600mm	6. 安装缆风绳	墙板与链条的夹角小于 45°或墙板上有 4 个及以上的吊钉时应采用钢梁	缆风绳的长度为 5m

工序	工作要点	注意事项	工序	工作要点	注意事项
7.起吊	确认无误后向塔式起重机发出指令起吊	(1)起吊前注意起吊路线不影响其他构件。(2)起吊时注意构件是否水平,钢丝绳受力是否均匀	13.垂直度检查	(1)用靠尺或激光水平仪校准垂直度。(2)采用斜撑杆螺栓调节墙板垂直度	垂直度控制在2mm以内
8.距地面0.3m静停	将构件起吊距地面或板车面0.3m时静停30s	检查塔式起重机起升和制动时构件起吊是否有异常	14.轴线检查	根据控制线检查墙板轴线位置	轴线位置允许误差5mm,标高±5mm,平整度4mm
9.吊运	按照构件吊运路线将构件吊运至安装位置	(1)吊运路线必须在防坠隔离区内。(2)构件在空中吊运时,防坠隔离区内不得有人员。(3)防坠隔离区为建筑外边线向外延伸6m	15.取钩	(1)垂直度调整完成后可以取钩。(2)取钩必须使用双梯作业	取钩、固定斜支撑人员必须系好安全带,并与防坠器相连
10.距楼面0.3m静停	构件吊运至距安装位置0.3m高时静停30s	吊装人员应校核构件吊装位置,为构件安装做准备	16.安装墙板连接件和接驳螺栓	(1)按图纸要求对每块墙板拼缝,用螺栓固定。(2)封模前安装好PC板上的接驳螺栓	(1)连接件应伸入下层外墙板内侧。(2)接驳螺栓主要部位在阴角处、T字形墙端头处等
11.落位	(1)墙板就位时,以外墙内边线为准,做到外墙面顺直,墙身垂直,缝隙一致。(2)预制剪力墙下方有插筋时,应在两侧放置镜子,确认下方连接钢筋均准确插入构件的灌浆套筒内	落位时注意墙板的正反面,图纸箭头面为正面	17.封缝	(1)砂浆封缝。(2)密封胶封缝	饱满同时不影响注浆施工
12.安装斜支撑	(1)斜支撑布置时下端和叠合板上预埋的U形筋连接,上部与墙板螺栓孔连接。(2)斜支撑布置原则:预制构件小于4m布置两根,4~6m布置三根,6m以上布置四根	(1)墙板上部支撑点距离构件底部的距离不宜小于高度的2/3。(2)离墙板两端0.2~0.3m;以免影响模板施工	18.套筒注浆	对位孔进行注浆	注浆时应检查对位孔是否被封堵

3.1.6 现浇混凝土伸出钢筋误差控制

当使用竖向构件套筒灌浆连接方式时，转换层现浇混凝土伸出钢筋的位置如果误差超过 2mm，就无法与预制构件准确对接，因此必须制定可靠的措施，保证伸出钢筋定位准确，且不会在混凝土振捣时移位或偏斜，常用的办法是用定位钢板定位。

3.1.7 构件安装测量与误差控制

1. 测量定位方式。柱、内墙板等构件按轴线定位。外墙板、阳台板、飘窗、挑檐板等构件，平行于板面方向按轴线定位；垂直于板面方向按表面界面定位。楼板、楼梯板、梁平面位置按轴线定位，竖向位置按板面标高定位。

2. 允许误差控制。根据图样要求，列出各种构件安装允许误差，在构件安装部位标识或拉线。

3. 平整度、竖直度控制。制定水平构件平整度、竖向构件竖直度测量控制方案。

3.1.8 构件吊装方案

1. 吊具设计。不同构件的吊具设计或选用。
2. 安装工具与配件计划。如安装外墙挂板用的螺栓、垫板、电动扳手等。
3. 构件翻转作业方案。对水平运输的柱子、竖直运输的楼梯板等构件设计翻转方案。
4. 构件标高调整和水平接缝高度定位方案。
5. 构件牵引就位和安装精度微调方案。

3.1.9 构件临时支撑方案

1. 按照设计要求确定各类构件的支撑方式与支撑点位置。
2. 选用支撑设施。如果对外委托专业队伍进行支撑设计与施工，需审核其方案。
3. 叠合楼板现浇层预埋斜支撑地锚。
4. 确定支撑拆除时间与程序。

3.1.10 后浇筑混凝土施工方案

1. 根据设计要求制定钢筋连接方案（机械套筒、搭接、伸入支座的锚板等）。
2. 后浇混凝土钢筋制作与绑扎方案。
3. 后浇混凝土模板架立方案。
4. 后浇混凝土预埋管线、埋设物和预埋件定位方案。
5. 后浇混凝土浇筑、振捣和养护方案。
6. 后浇混凝土拆模时间与拆模指令程序等。

3.1.11 防雷引下线连接与防锈蚀处理

1. 列出防雷引下线数量、部位清单，落实责任人。
2. 防雷引下线连接方案，防锈蚀处理方案，旁站监督方案等。

3.1.12 外墙板接缝处理方案

1. 防水密封胶作业方案。

2. 有防火封堵的接缝，制定防火缝处理作业方案。

3.2 施工方案实例

任务引入

　　杭州某经济适用房住宅产业化项目标准层为预制装配式剪力墙结构，施工前需编制施工专项方案。

　　任务分解：项目组织、工程概况、施工工序、施工方案。

任务实施

3.2.1 项目经理部的组成

1. 总承包管理团队组织机构

　　为提高项目的科学管理，保证工程的顺利建设，按照国际模式建立 EPC 总承包项目经理部。其管理组织机构、岗位设置和管理人员完全独立并授权管理，包括公司自行施工的土建工程以及各专项发包和指定分包单位。在此模式下，总承包项目经理部可集中精力进行各项总体管理和目标控制，并为各单位做好服务工作，确保工程的顺利进行。

　　总承包项目管理机构由项目经理部、专业分包管理项目部和作业班组组成。整个工程的施工由企业保障体系监督实施，同时接受建设单位、监理单位、政府主管部门的指导，以实现本工程的各项施工目标。

2. 总承包组织分级管理机构

　　本工程总承包组织管理机构设置实行三个层次分级管理，即：总承包公司总部（决策层）、总承包项目经理部（总承包管理层）、各分包单位（专业管理层）。

　　（1）第一层次：总承包公司总部——决策层

　　总承包公司总部代表公司决策者对本工程总承包项目经理部进行监督和管理，一是监督总包管理体系的运行情况；二是监督工程质量、进度及其他管理工作是否按照施工总承包合同约定的条款履行、兑现合同承诺；三是监督指导总承包项目经理部对施工过程中出现的问题是否能及时解决和组织落实。及时掌握项目的运行情况，并充分有效地配置资源，支持项目总承包管理。

　　总承包公司总部负责配备项目实施所必需的资源，负责对项目部履行合同的监督、检查和指导。定期对业主进行回访，了解业主对总承包项目经理部的满意程度，及时调整项目上的资源。

　　（2）第二层次：总承包项目经理部——总承包管理层

　　总承包项目经理部代表公司总部对项目全权履行合同义务和行使权利，接受公司的监督、检查与指导。

　　总承包项目经理部由项目领导班子和五部一室组成，其中领导班子成员包括总承包项目经理、项目副经理、技术负责人、施工负责人、机电经理、商务经理、安全总监及质量总监；五部一室即技术计划部、生产执行部、机电设备部、商务合约部、物资设备部和综合办公室。总承包项目经理部全面承担计划、组织、协调、控制、监督等管理职能，是本项目的总承包管理层。

（3）第三层次：各分包单位——专业管理层

专业管理层由各项目经理、施工负责人、技术负责人、商务负责人等组成领导班子，下设六部一室，即工程部、技术部、安全部、商务合约部、材料设备部、质量部和综合办公室。各专业管理层在总承包项目经理部的统一管理下对自行施工区域的质量、进度、安全、文明施工、CI形象、环境管理、成本预算等直接进行监督和管理，并直接对作业层进行组织、计划、控制、协调、监督和管理等。

3.2.2 工程概况

1. 工程主要情况

杭州某经济适用房项目位于绕城高速公路东侧。本工程由8栋高层建筑及配套公建、商铺组成，场地地处湖沼沉积平原，地形较平坦。场地中间由一条近似南北向的小河通过，河深约1.5～2.0m。由于受场地建筑堆填土的影响，原始微地貌受到较大的改造，现地面高程起伏较大，一般为4.0～7.5m，局部拆迁堆积场地标高大于9.0m。

2. 设计简介与施工条件

经济适用房项目占地面积27021m²，建筑面积103537m²，地下室共一层平时作为地下停车库，战时作为人防场所。上部由8栋高层及附属公建、商铺组成，主楼结构为现浇剪力墙结构体系，该体系的竖向承重结构体系柱、剪力墙采用现浇方式，水平结构体系则采用由叠合梁和叠合板组成的叠合现浇楼盖体系。公建、商铺为现浇框架结构。

（1）地基与基础工程：基础为桩基承台与地梁组成的筏形结构，地下水水位平均高3.440m，边坡支护形式为土钉墙。杭州雨季持续时间较长，保证基坑支护的稳定性及基坑内积水的降排水是本工程的难点。

（2）现浇结构与预制构件：经济适用房项目标准层竖向框架柱及异形柱为现浇结构；外围护墙及部分剪力墙采用预制结构。水平方向除卫生间、屋面结构采用现浇外其余结构采用预制楼板、阳台板、空调板、飘窗等与现浇楼板组成叠合楼盖、斜向结构楼梯采用成品预制。施工难点：预制构件与吊装首层的连接措施、预制构件与现浇结构连接锚固施工、预制墙板防水措施、预制构件安装精度控制等。

（3）现场施工运输平面图布置：经济适用房项目采用新型整体装配式结构，主楼标准层需要大量预制构件，现场的施工道路合理布局，满足大型车辆（3.3m×19m）运输行走停放、塔式起重机吊装需要、兼顾人车分离设置专用人行通道。施工难点：现场临设道路的布置。

（4）构件吊装：标准层预制垂直运输采用塔式起重机完成，保证塔式起重机预制构件吊装不坠落及相邻塔式起重机防碰撞，是本工程的难点。

（5）外挂式操作平台安全管理：作为现场安全管理，外挂架作为高层施工安全危险源之一，外挂式操作平台的搭设、安装、维护及使用过程要严格按照外挂式操作平台专项方案实施。日常管理、监督是本工程难点。

（6）雨期施工：杭州雨季持续时间较长并有台风影响，主体、装饰施工如何避免雨期影响，是本工程难点。

3.2.3 编制依据

本项目依据《经济适用房住宅产业化项目设计施工总承包合同》、某设计院"1～8栋设计施工蓝图"有关规定具体明细见表3-2。

编制依据 表3-2

序号	名称	代码
1	混凝土结构施工图平面整体表示方法制图规则和构造详图	11G101—1～3
2	砌体填充墙结构构造	12G614—1
3	蒸压砂加气混凝土(AAC)砌块构造详图	2010 浙 G34
4	砌体结构工程施工质量验收规范	GB 50203—2011
5	建筑物抗震构造详图	11G329—1～3
6	建筑工程施工质量验收统一标准	GB 50300—2013
7	建筑地基基础工程施工质量验收标准	GB 50202—2018
8	建筑变形测量规范	JGJ 8—2016
9	混凝土结构工程施工质量验收规范	GB 50204—2015
10	装配式混凝土结构技术规程	JGJ 1—2014
11	地下工程防水技术规范	GB 50108—2008
12	地下防水工程质量验收规范	GB 50208—2011
13	混凝土结构工程施工规范	GB 50666—2011
14	钢筋机械连接技术规程	JGJ 107—2016
15	钢筋焊接及验收规程	JGJ 18—2012
16	玻璃幕墙工程技术规范	JGJ 102—2003
17	民用建筑电气设计标准	GB 51348—2019
18	等电位联结安装	02D501—2
19	通风与空调工程施工规范	GB 50738—2011
20	通风与空调工程施工质量验收规范	GB 50243—2016
21	建筑给水排水及采暖工程施工质量验收规范	GB 50242—2002
22	建筑给水复合金属管道安装	10SS411
23	建筑排水塑料管道安装	10S406
24	无规共聚聚丙乙烯(PP-R)给水管安装	02SS405—2
25	卫生设备安装	09S304
26	给水排水管道工程施工及验收规范	GB 50268—2008
27	现场设备、工业管道焊接工程施工规范	GB 50236—2011
28	建筑无障碍设计	03J926
29	室外工程	12J003
30	平屋面建筑构造	12J201
31	工程测量标准	GB 50026—2020

续表

序号	名称	代码
32	中华人民共和国工程建设标准强制性条文	—
33	建筑设计防火规范	GB 50016—2014
34	建筑装饰装修工程质量验收标准	GB 50210—2018
35	建筑结构荷载规范	GB 50009—2012
36	建筑抗震设计规范	GB 50011—2010
37	建筑工程抗震设防分类标准	GB 50223—2008
38	建筑地基基础设计规范	GB 50007—2011
39	混凝土结构设计规范	GB 50010—2010
40	砌体结构设计规范	GB 50003—2011
41	高层建筑混凝土结构技术规程	JGJ 3—2010
42	给水排水工程管道结构设计规范	GB 50332—2002
43	给水排水工程构筑物结构设计规范	GB 50069—2002
44	钢结构设计标准	GB 50017—2017
45	建筑灭火器配置设计规范	GB 50140—2005
46	自动喷水灭火系统设计规范	GB 50084—2017
47	砌体结构工程施工质量验收规范	GB 50203—2011
48	屋面工程技术规范	GB 50345—2012
49	屋面工程质量验收规范	GB 50207—2012
50	建筑地面工程施工质量验收规范	GB 50209—2010
51	铝合金门窗	GB/T 8478—2020
52	电气装置安装工程 高压电器施工及验收规范	GB 50147—2010
53	电气装置安装工程 电力变压器、油浸电抗器、互感器施工及验收规范	GB 50148—2010
54	电气装置安装工程 母线装置施工及验收规范	GB 50149—2010
55	电气装置安装工程 低压电器施工及验收规范	GB 50254—2014
56	电气装置安装工程 电气设备交接试验标准	GB 50150—2016
57	建筑电气工程施工质量验收规范	GB 50303—2015

3.2.4 工程特点

1. 工程结构特点

本工程结构形式标准层为预制装配式剪力墙结构，其主要特点：

现场结构采用预制装配式方法，外墙板、空调板、飘窗以及楼梯使用成品构件。

预制构件的产业化：所有预制构件全部由杭州某工厂流水加工制作，制作的成品直接运至现场用于现场装配。

部分外墙板 PC 构件采用套筒灌浆植筋、高强灌浆施工的新工艺，将 PC 构件与 PC 构件进行有效连接，减少传统施工强度，提高施工效率（图 3-1）。

2. 工程防水特点

（1）结构防水：外墙板底部留有防水企口凹槽，上部留有企口凸槽。卫生间、阳台防水薄弱环节设置 180mm 高凸台与叠合楼板一起浇筑（图 3-2）。

图 3-1　墙板 PC 构件

图 3-2　结构防水

（2）材料密封防水（图 3-3）。

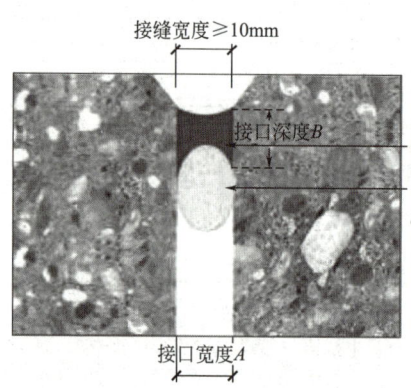

接缝宽度≥10mm

接口深度 B

墙漆色聚氨酯防水胶

ϕ25 发泡聚乙烯棒

接口宽度 A

图 3-3　密封防水

3. 工程施工特点

预制构件由工厂按工业化模式生产制造（图 3-4），现场 PC 构件吊装，临时固定连接，配套机械选用，预制结构与现浇结构连接，节点防水措施，灌浆施工，多工种劳动力组织。

3.2.5　施工安排

本工程独立施工，根据各单体工程量的不同，又划分为五个区，进行施工。本地块划分为五个部分：1、2 栋（一区）；3、4 栋（二区）；6、7 栋（三区）；5、8 栋（四区）；地下车库及配套公建（五区），地下室顶板以上的主体施工将安排三区先行启动。

（1）施工总程序

地基与基础施工完成→地下室施工完成→主楼、公建、商铺主体施工完成→屋面工程。

经济适用房项目产业化主体施工组织设计侧重对主楼上部标准层产业化主体施工，基

图 3-4　预制构件生产

础及地下室部分施工详见基础及地下室施工方案。

（2）装配式主体分项工程施工程序

本工程装配式施工阶段以每个标准层作为一个检验批进行施工质量验收。

（3）工序施工程序

1）测量放线

① 以主控线为准放出墙板边线、剪力墙的长度，标明每根轴线距离主控线的距离，内墙板的厚度为 200mm 厚。

② 测量孔的位置距离外边线必须大于等于 1.5m。

③ 单面放线，标注的位置都要在同方向墙板的相同一侧。

④ 放线时要放出外墙板的端头线和 200mm 宽水平控制线。

⑤ 控制线、标高从首层往上引，到达十层以后从十层往上引，十层一个循环，以此类推。

⑥ 垫块布置：外墙板布内侧，要避开水电预埋洞，要避开门洞。

⑦ 每块墙板布置两个垫块，放线时要标出垫块位置以及数量，如图 3-5 所示。

图 3-5　垫块布置

2）预制外墙、内墙、叠合梁的吊装

① 预制外墙板分为两种：预制外围护墙（外叶 50mm 厚混凝土＋保温 50/150mmXPS＋内叶 200/100mm 厚混凝土）、预制等同现浇剪力墙（外叶 50mm 厚混凝土＋保温 50mmXPS＋内叶 200mm 厚混凝土）。内墙全部采用混凝土预制。核心筒部位连梁采用现浇，其余部位梁均采用预制叠合。

外墙、内墙板施工工艺流程：轴线标高复核→确认构件起吊编号→安装吊钩→安装缆风绳、起吊→距地 0.3m 静停→落位→安装斜支撑→取钩→垂直度检查→标高复核→安装墙板加固件→预制剪力墙灌浆连接。

② 预制外墙、内墙运至塔式起重机臂起重范围内，墙板顶面专门设计为外墙板吊装的吊钉，根据预制墙板的大小及重量，选择合适的钢丝绳、钢梁、吊钩按照要求将吊爪安装在吊钉上，利用塔式起重机进行垂直及水平向运输。当墙板与钢丝绳的夹角小于 45°或者墙板上有超过 4 个吊钉时应采用钢梁，应安装缆风绳，利于防止墙板在落位时与其他外墙及外挂架发生碰撞（图 3-6）。

(a)　　　　　　　　　　(b)　　　　　　　　　　(c)

(d)

图 3-6　外墙、内墙板吊装节点图

（a）预制墙运至塔式起重机起重范围；（b）吊爪；（c）安装吊爪；（d）安装缆风绳、起吊

③ 预制外墙板吊装顺序：外墙板在吊装时应从排烟井壁开始，安装完成后，外墙板从此处按顺时针方向逐一进行吊装，严禁中间漏放而采取后面插入。外墙板阴角处必须采

用经纬仪检查阴角垂直度。

④ 安装斜支撑：斜支撑目的是对预制墙板起临时固定作用，斜杆有调节螺杆可以对外墙板垂直度进行微调。斜支撑布置时，下端和叠合板上预埋的 U 形筋连接，上部墙板处留有 M14 螺栓孔便于斜支撑螺栓连接。斜支撑布置原则：预制构件小于 4m 布置两根，4～6m 布置三根，6m 以上布置四根，如图 3-7 所示。

图 3-7 斜支撑布置图

⑤ 灌浆施工：针对预制剪力墙的墙身部分采用灌浆套筒进行连接，预制剪力墙时已经预埋在剪力墙底部。灌浆料确定后将灌浆料出厂合格证、原材料合格证报监理单位审核，钢筋连接灌浆料各项指标应符合《钢筋连接用套筒灌浆料》JG/T 408—2019 标准规定，并试用合格，经监理工程师同意后，方可在工程中使用。

灌浆套筒工艺图如图 3-8 所示；灌浆套筒连接示意图及灌浆套筒如图 3-9 所示。

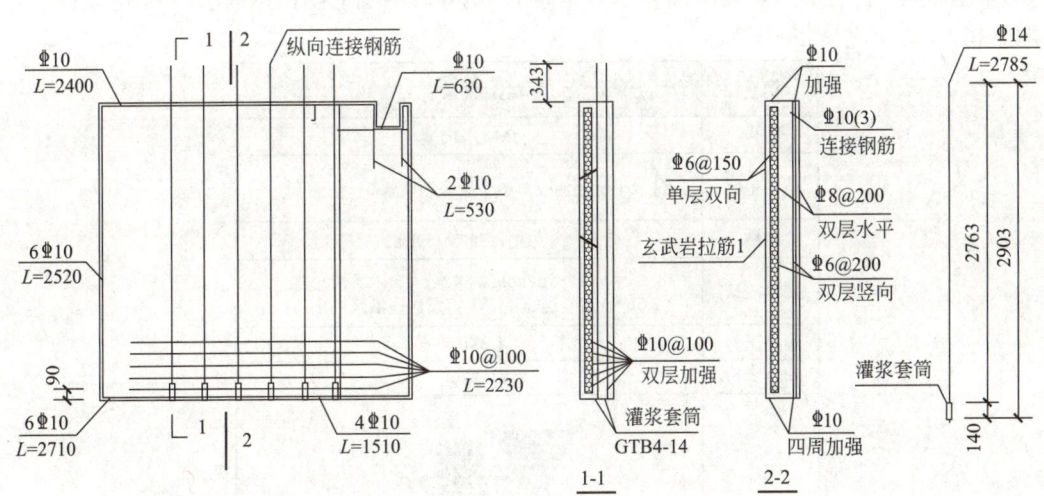

图 3-8 灌浆套筒工艺图

灌浆施工工艺流程：钢筋调直→找平→分仓→吊板→落位→封堵→检查灌浆套筒→灌浆。

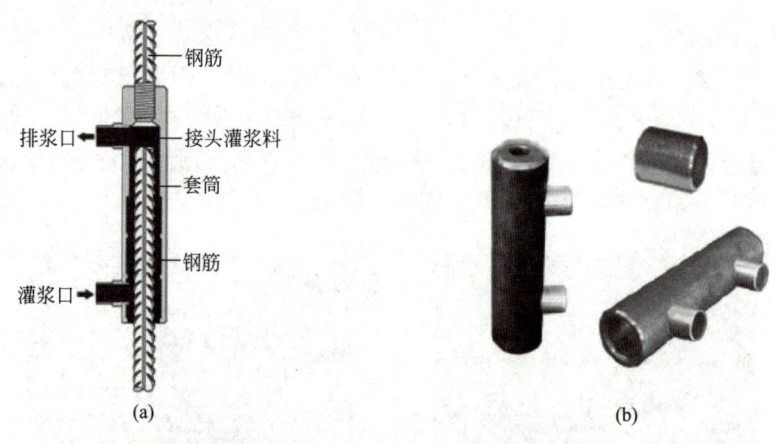

图 3-9　灌浆套筒连接示意图及灌浆套筒
（a）半灌浆连接示意图；（b）GT/CT 型套筒

a. 钢筋调直：吊装首层混凝土浇筑后，预制剪力墙吊装前对结构预埋的连接钢筋进行检查校正。

b. 找平：首层标高高差＞50mm，凿平并用高于现浇混凝土强度一个等级的细石混凝土抄平至设计标高，低于结构面标高的用封堵料抄平。

c. 分仓：应在吊装前进行，相隔时间不宜大于 15min，建议分隔间距 1m 分一个灌浆段，竖向钢筋与分仓隔墙的间距需＞40mm。

d. 落位：将预制剪力墙板吊起，按照在楼板上画出的剪力墙边线落位，落位完成后安装定位件和垫块。

e. 检查灌浆套筒：灌浆前应检查预留灌浆孔是否被杂物堵塞，并用鼓风机检查灌浆孔是否通畅。

f. 灌浆：用灌浆泵从下方的灌浆口处压力注浆，接头灌浆时，应按灌浆料排出先后次序依次封堵牢靠后，停止灌浆，如有漏浆必须立即补浆。灌浆机械采用 JM-GJB 5 型电动灌浆泵（图 3-10）。

类型	电动灌浆泵
型号	JM-GJB 5型
适用范围	通过水平缝连通腔对多个接头的灌浆
电源	3相，380V/50Hz
额定流量	5L/min(泵送水) 2.6L/min(泵送CGMJM-VI泵送型灌浆料)
额定压力	1.2MPa
料仓容积	料斗20L
图片	

图 3-10　JM-GJB 5 型电动灌浆泵

内墙板吊装：工艺设计图中内墙与其上部预制叠合梁一起设计（图 3-11）。

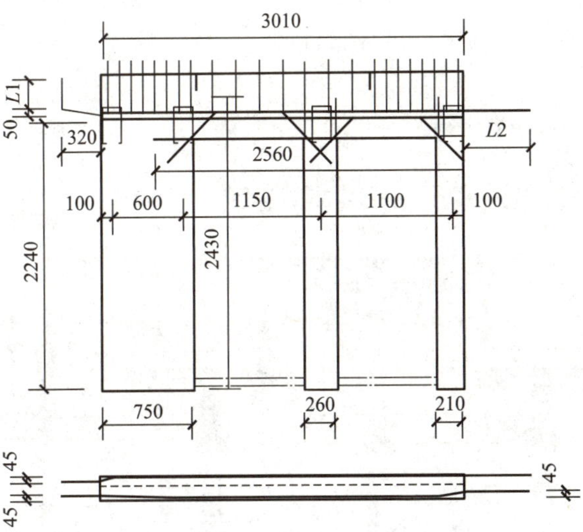

图 3-11　内墙板工艺设计图

内墙板施工工艺流程：确认构件编号→安装吊绳→内墙起吊→起吊静停→吊运→安装前静停→就位→安装斜支撑→取吊绳。

内墙的施工工艺流程与外墙板大致相同，区别在于两点，内墙板作为分户隔墙及为叠合梁提供竖向支撑，所以没有套筒连接钢筋。

3）竖向钢筋工程

标准层中框架柱、异形柱、核心筒采用现浇结构，竖向钢筋绑扎施工工艺与传统现浇施工工艺相同。竖向钢筋连接采用焊接，焊接质量满足《钢筋焊接及验收规程》JGJ 18—2012 要求。

4）竖向结构定型模板工程

标准层中框架柱、异形柱、核心筒采用现浇结构，模板采用远大建工定型模板体系。工厂根据模板加工图对模板进行生产，加工成成品，运至现场，按照定型模板平面布置图，进行模板的定位（图 3-12）。

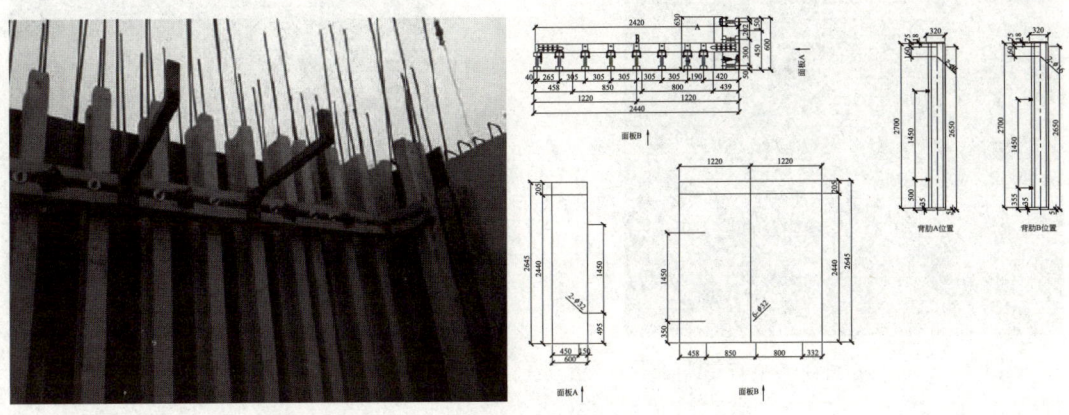

图 3-12　远大建工定型模板

① 定位放线：根据主轴线标出剪力墙边线。

② 模板拼装：根据模板拼装图，核心筒部位定型模板在场地拼装完成后再吊装，其余模板考虑在楼层内转运。图 3-13 为定型模板布置图。

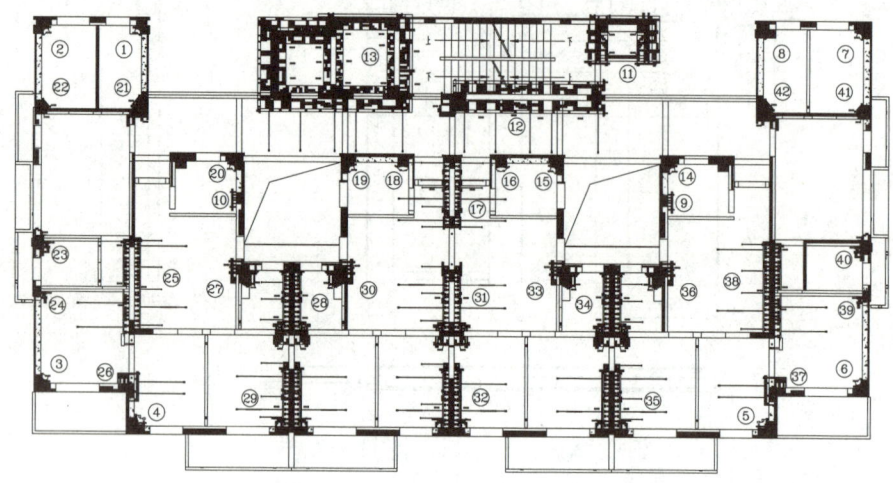

图 3-13　定型模板布置图

③ 外墙对拉螺栓安装：对于拐角异形柱的模板安装，异形柱处模板只需考虑内模板，外模由 100mm 厚外墙外叶充当外模板，同时在外墙板板面里口留有定型模板加固的预埋螺栓孔。外墙之间的 20mm 缝隙采用 30mm 遇水膨胀止水条封堵。

异形柱处定型模板安装如图 3-14 所示，框架柱处定型模板安装如图 3-15 所示。

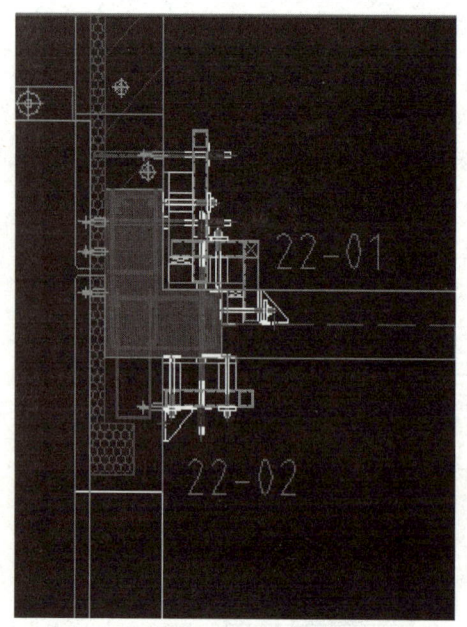

图 3-14　异形柱处定型模板安装

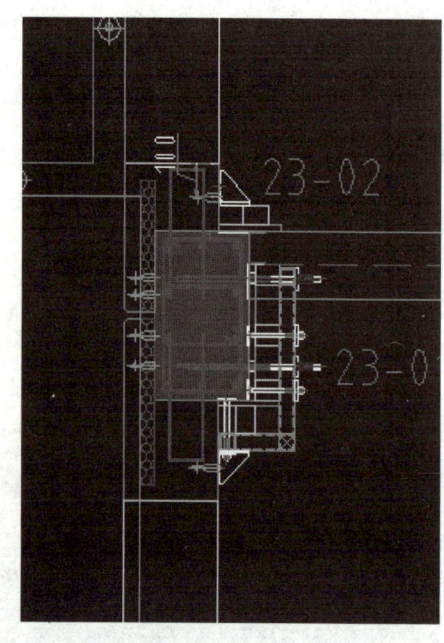

图 3-15　框架柱处定型模板安装

④ 模板校正：将靠尺靠着模板再用卷尺检查其垂直度。

⑤ 定型模板加固：为保证定型模板在混凝土浇筑时模板不移位，在定型模板背楞处架设斜支撑（图3-16）。

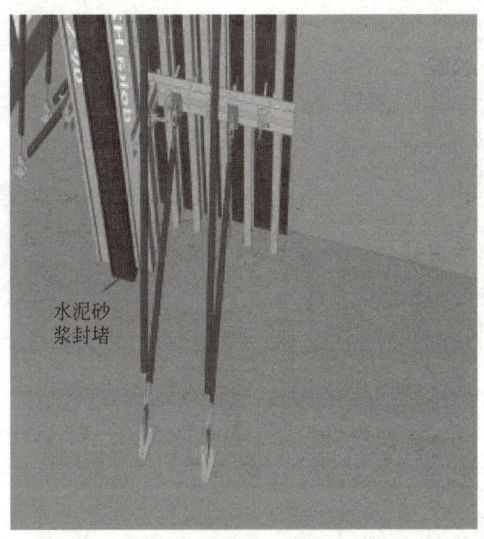

图 3-16　定型模板架设斜支撑

⑥ 模板封堵：模板校正完成后，下口与楼板有缝隙处，用水泥砂浆封堵。

5）竖向现浇结构混凝土工程

竖向结构混凝土输送采用塔式起重机与料斗进行垂直运输（图3-17），混凝土施工工艺与传统施工工艺相同。

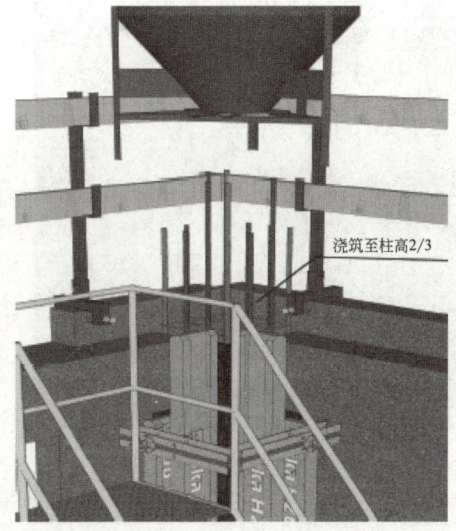

图 3-17　混凝土垂直运输

混凝土养护：现浇剪力墙及框架柱模板拆除后混凝土浇筑8～12h内采用喷雾器养护。现浇框架柱喷水养护如图3-18所示；现浇剪力墙喷水养护如图3-19所示。

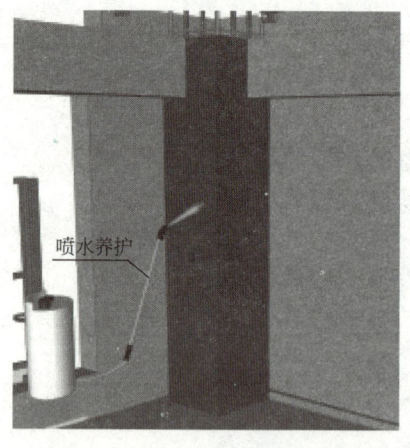

图 3-18　现浇框架柱喷水养护

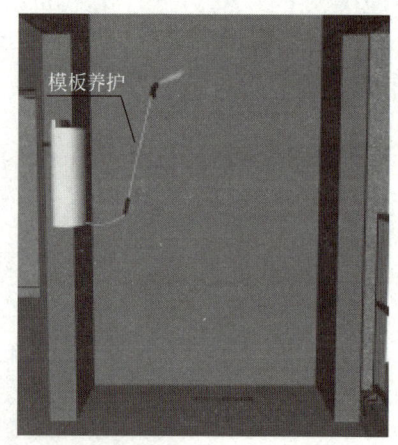

图 3-19　现浇剪力墙喷水养护

6）叠合梁的吊装

本工程每栋标准层预制叠合梁共计 10 处，安装位置集中在前室走道板。

叠合梁吊装施工工艺：

划线安装 Z 形夹具→安装立杆→挂钩→安装缆风绳→起吊→静停→吊运→落位→复核定位尺寸→取钩→验收。

现就重要施工工艺进行讲解：

① 划线安装 Z 形夹具（图 3-20）：根据 1m 标高线定出叠合梁底边线，根据梁平面布置图定位出梁端位置，安装叠合梁底立杆（图 3-21）。

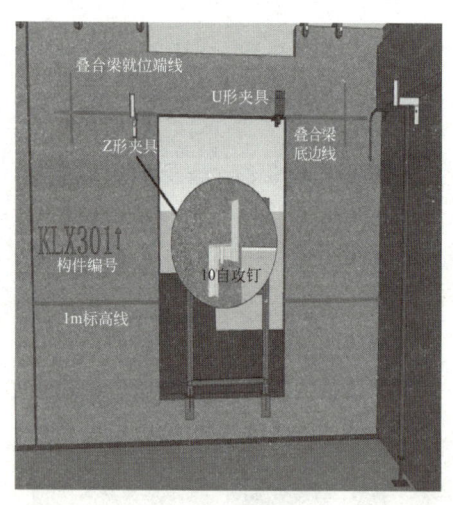

图 3-20　划线 Z 形夹具

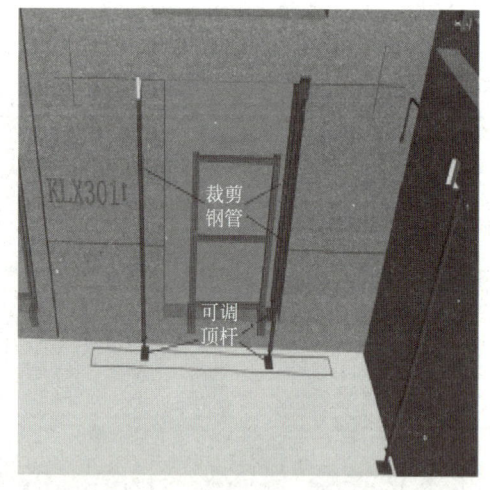

图 3-21　安装叠合梁底立杆

② 落位：根据慢起、快升、缓降原则将叠合梁落在已调整好的夹具上，叠合梁底部纵筋必须放置在柱纵向钢筋内侧（图 3-22）。

③ 复核定位尺寸：用 2m 靠尺检查构件平整度，卷尺检查构件安装标高、轴线位置（图 3-23）。

图 3-22　落位

图 3-23　复核定位尺寸

7) 预制楼梯的吊装

本项目 2 栋、4 栋、6 栋、7 栋预制楼梯在第二层开始吊装，1 栋、3 栋、5 栋、8 栋附带公建及裙房的主楼预制楼梯在第三层开始吊装。

预制楼梯吊装施工流程：

确定梯段定位线→安装吊钩→楼梯起吊→距地 1m 静停→吊运→距楼面 300mm 静停→落位→调整→取钩→梯段支撑搭设→电焊固定→安装楼梯防护。

① 确定梯段定位线：根据楼梯构件安装位置在楼梯间墙上标出楼梯边线端线。同时注意检查楼梯平台叠合楼板是否调整并加固完成，因为预制楼梯平台在预制梯段支撑未布设前需要承担预制梯段荷载（图 3-24）。

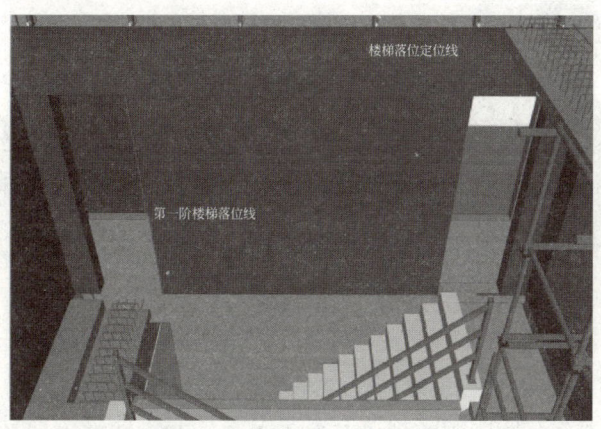

图 3-24　放出梯段边线、端线

② 安装吊钩：梯段吊装时应用 3 根同长钢丝绳 4 点起吊，用吊爪扣住吊钉，梯段底部用 2 根钢丝绳分别固定两个吊钉，梯段上部由 1 根钢丝绳穿过吊钩两端固定在两个吊钉上（图 3-25）。

③ 距地 1m 静停：将构件吊离拖车至距地面 1m 位置静停 1min，构件周边 3m 范围内

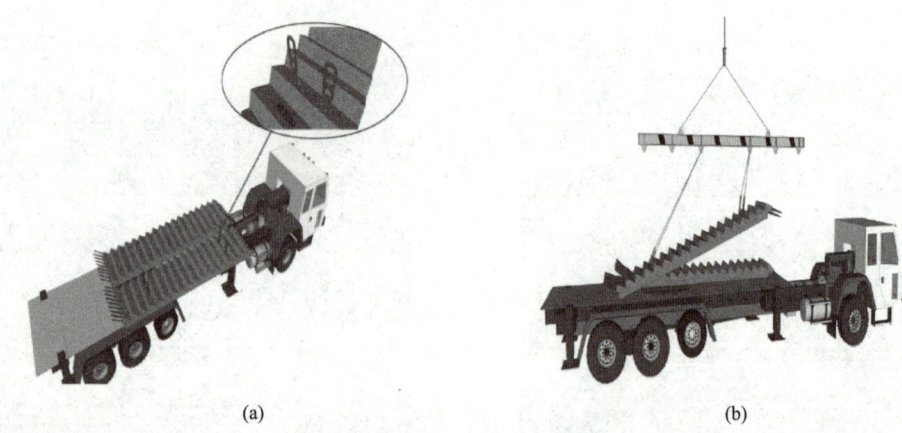

图 3-25　安装吊钩及楼梯起吊

(a) 吊钩；(b) 起吊

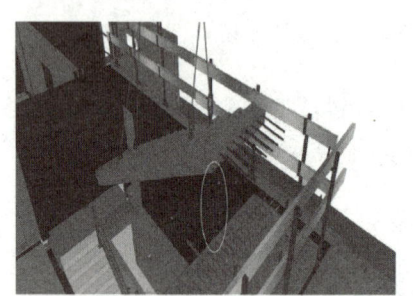

图 3-26　距楼面 300mm 静停

不能有人，检查吊具的受力是否满足要求。

④ 距楼面 300mm 静停：构件吊运至距安装位置垂直距离 300mm 处静停，找到梯段定位线，梯段下部不应有人员活动（图 3-26）。

⑤ 落位：梯段落位时，梯段伸出钢筋应插入楼梯平台板箍筋内，同时检查梯段落位是否对准梯段定位线。

梯段落位如图 3-27 所示；梯段与楼梯平台连接节点详图如图 3-28 所示。

图 3-27　梯段落位

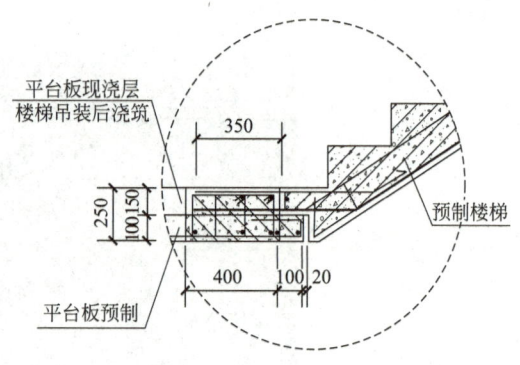

图 3-28　梯段与楼梯平台连接节点详图

⑥ 调整：梯段两端及两侧均需预留安装空隙（10mm），安装时注意调节安装空隙尺寸（图 3-29）。

⑦ 梯段支撑搭设：支撑的梯段底部有 4 个脱模吊钉，可用钢管加顶托支撑（图 3-30）。

⑧ 电焊固定：预制楼梯平台箍筋和梯段底筋电焊固定，起临时预制梯段固定作用。

⑨ 楼梯防护搭设：预制梯段吊装完成，在梯段临边位置安装防护，及时进行防护栏杆搭设（图 3-31）。

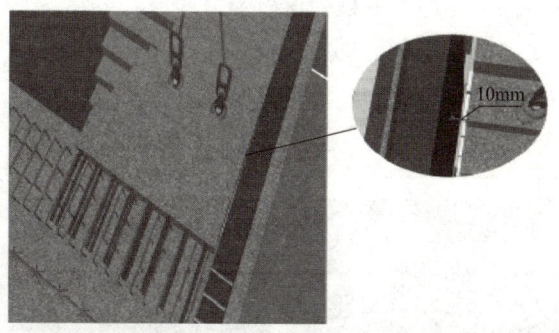

图 3-29　调整

图 3-30　梯段支撑搭设

图 3-31　楼梯防护搭设

8）预制叠合楼板的吊装

本项目 2 栋、4 栋、6 栋、7 栋预制叠合楼板在第二层开始吊装，1 栋、3 栋、5 栋、8 栋附带公建及裙房的主楼预制叠合楼板在第三层开始吊装，且为保证卫生间的防水性，标准层卫生间楼板采用现浇结构。预制楼板吊装完成后，开始进行空调板、阳台板、飘窗预制构件安装。

预制叠合楼板施工工艺流程：挂钩，核对预制楼板型号→起吊→静停→吊运→就位→校核→验收。

① 起吊：起吊时应保持构件水平且钢丝绳受力均匀。

② 落位：根据慢起、快升、缓降的原则将构件落在正确的位置。注意构件落位方向是否正确，与梁搭接长度是否满足要求（图 3-32）。

图 3-32　落位

（4）阳台板安装（空调板与飘窗安装方法与阳台板吊装方法相同，这里不再赘述）

本项目标准层每栋楼共有 5 处预制叠合阳台板。

叠合阳台板吊装工艺：

支撑搭设→构件确认→挂钩→起吊静停→吊运→安装前静停→落位→取钩→垂直度检查→固定。

① 支撑搭设：检查支撑搭设是否稳固，标高是否正确，阳台板搭接在外墙上 300mm（图 3-33）。

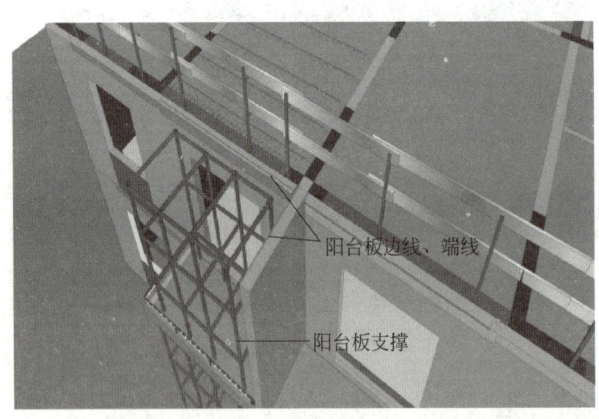

图 3-33　支撑搭设

② 挂钩：将卸扣采用 4 点安装在阳台桁架纵向钢筋处，起吊时确保吊点均匀受力（图 3-34）。

③ 安装前静停：构件吊运至安装位置 1m 高处静停，找到构件边线及吊装位置（图 3-35）。

④ 垂直度检查：通过铅垂，每个阳台边应吊两次铅垂，距吊点不超过 300mm（图 3-36）。

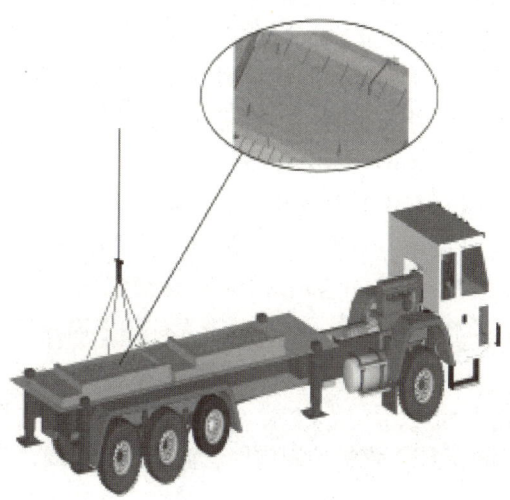

图 3-34　挂钩

图 3-35　安装前静停

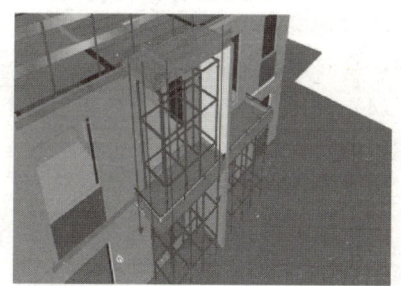

图 3-36　垂直度检查

⑤ 固定：复核及调整完成后，将阳台板伸出的板筋焊接在叠合梁及楼板筋上（图 3-37）。

3.2.6　施工现场平面布置及说明

1. 办公区布置

（1）办公楼采用活动板房，管理人员办公与生活区在同一个院楼，均为 2 层。

（2）办公室室外四周设明沟散水。

（3）办公室通风良好、照明充足，安装空调，墙壁设置一定数量的插座，并安装宽带网。

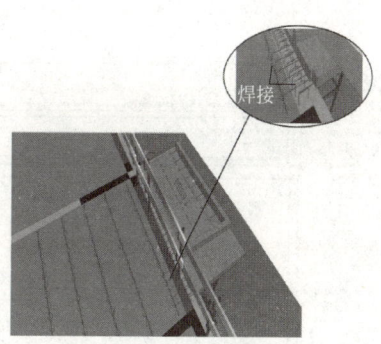

图 3-37　固定

（4）住宿楼两端设置楼梯，符合消防要求。

（5）办公室内的办公用品（用具）按公司统一标准摆放。

2. 工人生活区

（1）宿舍采用活动板房，为 2 层，每间居住 8 人。

（2）宿舍内设置可开启式窗户。

（3）宿舍两端均设置楼梯，满足消防要求。

（4）管理人员宿舍和作业人员宿舍实行单人单床，铺床为 2 层，严禁使用通铺。

（5）宿舍内设置一定数量的插座，能满足房内人员用电的需要，严禁私自拉线接电。

（6）电器、灯具的相线经开关控制，不得将相线直接引入灯具。

（7）开关距地面高度为 1.3m，与出入口的水平距离为 0.15～0.20m。

（8）灯头的接线相线接在与中心触头相连的一端，零线接在与螺纹口相连的一端。

（9）宿舍区设置专用开关箱、专用线路，漏电保护器必须符合三级配电的要求，额定漏电动作电流不大于 30mA，额定漏电动作时间不大于 0.1s。

（10）宿舍卫生制度、卫生值日表、宿舍负责人标牌上墙。

3. 生产设施

（1）根据现场实际情况设计出入口和道路。为贯彻节能理念，降低材料消耗，施工总平面图在原来基础施工平面布置图上增加预制构件运输车行车路线，其余临时设施按现场施工需要予以调整。

（2）基坑周围应设置排水沟。现场厕所污水经化粪池过滤后排入市政排污管道。

（3）施工临时道路根据本工程机械车辆能够满足在场内行驶，以及结合设计规范设置，路面铺设 C30 钢筋混凝土硬化，在道路两侧设置排水沟，使道路雨水可以直接排至排水沟，临时道路根据现场不同施工阶段进行调整。

（4）钢筋加工按照原材→加工→半成品的加工流程，分成钢筋原材存放区、钢筋加工成型区和半成品钢筋存放区。在不同施工阶段，对场地进行调整，以满足结构施工需要。

（5）在入口设置五牌一图。

（6）在各栋楼入口处或坠落半径范围内的人行通道处均设置安全通道，采用 ϕ150 圆钢管立杆搭设，顶部采用工字钢连接，铺设彩钢板。在各层临边洞口等设置安全防护，并在各施工通道、临边洞口等设置安全防护部位以及在塔式起重机、人货电梯、临边洞口等处悬挂安全标识牌（图 3-38）。

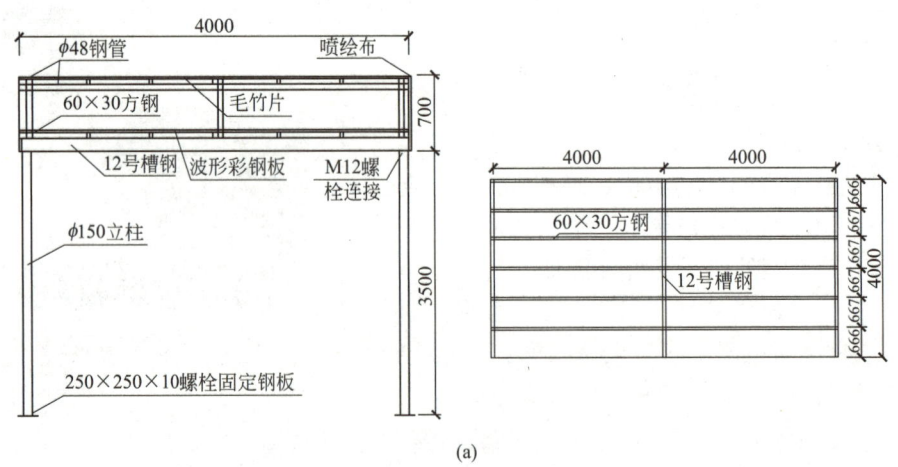

(a)

图 3-38　安全通道及施工电梯防护棚（一）

（a）立面示意图

(b)

图 3-38　安全通道及施工电梯防护棚（二）

（b）效果图

3.2.7　施工方案

1. 施工测量

（1）测量准备

1）资料交接。查验测量资料（包括建筑物工程定位，工程定位桩定位放线，各种监测资料等）是否齐全、完整且符合行业标准；以书面形式进行交接，并对竣工验收要求符合资料管理规程的资料重新整理、归档；完善、整改所有资料以满足整体竣工验收要求。

2）土方施工单位布设的支护及周围市政建筑变形监测点交接。在进场开工时，对现场周边毗邻的道路、市政设施和建筑物进行检查，并对现有的损坏或缺陷做必要的文字、照片和图示记录，并将一份完整的此类记录及时递交给监理单位。查验各监测点位置并重新核测，准确无误后正式书面交接；制定监测专项方案，定期监测（重点为支护变形、滑移）并将成果上报。

（2）测量人员

根据本工程的总体部署，整个区域同步施工，测量工程师两人，主要负责核定和测量工序的协调；工程测量员三人，负责本区的主要测量工作；另外有四名测量人员测量放线。

（3）测量仪器

根据本工程特点和精度要求，轴线点位控制、轴线投射用全站仪，高程测量用水准仪，内控点引测用激光铅垂仪。

1）平面控制点投测：用全站仪（坐标法）根据甲方提供的平面控制基准点，将建筑物控制轴线交点投测到首层楼板面上，并弹出控制轴线，然后以控制轴线为基准，以设计图纸为依据，放样出其他轴线、柱边线、洞口边线等细部线。

2）轴线竖向引测：±0.000 以上塔楼平面控制采用内控法，具体的测设过程如下：

① 在首层楼板四角距离边轴线相等距离处引测四个轴线控制点，控制点位置要避开卫生间及阳台位置，用全站仪及 50m 钢尺对此四个控制点进行校核（进行角度、距离测

量）。此四点即为首层布设的内控点，作为以上各楼层平面控制的基准点，这些点所组成的方格网（150mm×150mm）即为±0.000以上各楼层的平面控制网。

② 在±0.000以上各楼层底板施工的过程中，要预先在内控点垂直上方相应位置预留一个15cm×15cm的孔洞（激光洞），用于内控点的竖向传递。首层各内控点的1.0m² 范围内严禁堆放各种材料和杂物，激光孔洞严禁堵塞，以保证测量工作的顺利进行，直至结构封顶。

③ 投点引测：将激光铅垂仪架设在首层内控点上，激光接收靶放在待测楼层的相应预留洞口上，对中整平铅垂仪后，打开发光电源并调整激光束，慢慢旋转铅垂仪，激光接收靶将得到一个激光圆，当该圆直径小于3 mm时，圆心即为该控制点的接收点，然后依次投测所需其他控制点。

④ 轴线放样：利用全站仪或经纬仪及50m钢尺对待测楼层的接收点所组成的方格网进行角度、距离的测量，满足精度要求后，即作为该楼层的平面控制网，以此进行各轴线的细部放线工作，直至结构封顶。

注：当每一层平面或每一施工段测量放线完后，必须进行自检，自检合格后及时填写楼层放线记录表和施工测量放线报验表，并报监理验线，验线合格后，方可进行下一步施工。在整个施工控制测量中要将误差严格控制在标准允许范围内，严格遵循控制测量原则。

（4）高程控制点测量

根据甲方提供的高程控制基准点，本项目引测3个水准控制点于施工场区，为保证工程施工的竖向精度，在建筑物预留孔洞处或风井等方便竖向传递处测设若干±0.000标高控制点，作为施工高程的控制依据。并定期联测场区水准控制点与高程控制基准点，按三等水准测量要求校核及纠偏误差，以此作为建筑物竖向高程传递复核依据，该水准控制点也可作为沉降观测基准点。

（5）建筑物沉降观测

当建筑物随结构施工层的上升，整体重量增加将发生沉降，施工过程的沉降测量将给建筑物今后的监测提供初始数据。

首层结构施工时按设计要求在柱上埋设沉降观测点，沉降观测点采取保护措施，防止冲撞引起变形而影响数据统计。

测量期设为每施工一个结构层观测一次，以后每月测一次，竣工后每一季度测一次，竣工一年后每半年测一次，直到沉降稳定为止。将测量数据做成统计分析表，进行统计分析。现场设置的观测点发生变动或误差，及时进行数据参数修正，以保证数据精确。并将观测结果绘制成表，做出正确评估后，形成书面资料提供给业主和设计单位参考。

（6）实测实量

综合公司装配式建筑实际情况，并且参照《混凝土结构工程施工质量验收规范》GB 50204—2015、《建筑工程施工质量验收统一标准》GB 50300—2013、《建筑装饰装修工程质量验收标准》GB 50210—2018要求。装配主控项目包括截面尺寸偏差、表面平整度、梁底水平度等。并根据测量点数及权重评测出工程测量评分，得分＜85分为不合格，得分在85～90分需提交整改方案，得分＞92分为优秀。

2. 混凝土工程

混凝土施工分两部分：工厂预制部分（PC构件）和现场传统现浇部分。

（1）工厂预制部分（PC 构件）

钢筋配筋、模板尺寸根据结构设计图要求由设计院进行深度设计，并对预制构件提出质量控制要求，工艺图经审核后发给工厂，由工厂施工。

（2）传统现浇部分

浇筑前应将模板内的垃圾、泥土等杂物及钢筋上的油污清除干净，并检查钢筋的保护层垫块是否垫好，是否符合规范要求。浇筑模板时应浇水使模板湿润。墙及柱模板的扫除口应清除杂物及积水后再封闭。施工缝的松散混凝土及混凝土软弱层剔掉清净，露出石子，并浇水湿润。混凝土从搅拌机卸出后，及时运送到浇筑地点。运输过程中尽量减少周转环节，防止混凝土产生离析。

浇筑混凝土时应分段分层连续进行，浇筑层高度应根据混凝土供应能力、一次浇筑方量、混凝土初凝时间、结构特点、钢筋疏密综合考虑决定，一般厚度为 400～500mm。

预制构件养护：工厂有大型养护室，温度、湿度由电脑自动控制。

现场浇筑混凝土，常温下浇筑后 4h，在混凝土表面覆盖一层草袋并浇水养护，3d 内每天浇水 4～6 次，3d 后每天浇水 2～3 次，墙体浇灌 2d 后拆模，表面覆盖草袋，既可加强养护，又可保护成品，浇水养护时间≥14d。

3. 装配式混凝土预制构件施工

（1）施工配合准备

1）组织现场施工人员熟悉、审查图纸，对构件型号、尺寸、预埋件位置逐块检查，准备好各种施工记录表格。

2）组织施工人员学习施工方案、安全方案、各工种配合协调方案。

① 专门组织吊装工人进行教育、交底、学习，使吊装工人熟悉墙板、楼板安装顺序、安全要求、吊具的使用和各种指挥信号。

② 现场各工种、信号吊装配合预演，次数为 3 次，在预演中发现信号、安全、设备、配合上存在的问题，及时对预定方案进行调整修改补全。

（2）现场准备

1）现场场地、材料、设备、人员、PC 构件、施工用电准备。

2）检查 PC 构件型号、数量及构件质量，并将所有预埋件及预留钢筋等梳整扶直，清除浮浆。

（3）抄平放线准备

1）该建筑采用"内近代法"放线，在房屋的首层根据坐标设置四条标准轴线（纵横轴方向各两条）控制桩，用全站仪定出建筑物的四条控制轴线，将轴线的交叉点作为控制点。

2）每栋房屋设水准控制点 3 个，在首层墙上确定控制水平线。每层水平标高均从控制水平线用钢尺向上引测。

3）根据控制轴线和控制水平线依次放出墙板的纵、横轴线；墙板两侧边线；节点线；门洞口位置线；安装楼板的标高线；楼梯休息板位置及标高线、异形构件位置线及编号。

4）轴线放线偏差不得超过 4mm；放线遇有连续偏差时，应考虑从建筑物中间一条轴线向两侧调整。

5）墙板安装前就位处必须用硬塑垫块找平。

6）楼板安装前，下部支撑已抄平校核完毕。

（4）墙板、楼板地面编号标示

1）在所放的墙板纵、横轴安装线边缘 500mm 位置的地面上，按设计图纸，将该段墙体的 PC 墙板编号用醒目的标示颜色标示在地面上，并反复核对，确保正确。目的是使墙板位置与对应墙板编号一目了然，避免将甲地的墙板吊装在乙地。

2）楼梯构件、异形构件同样编号标示。这种做法可以加快吊装速度、减少失误。

（5）确定墙板安装起点和流向

外墙板安装时，应逐块安装形成封闭围护体系。这样可减少误差累计，施工结构整体性好，临时固定简单方便。

（6）构件吊装

1）外墙板吊装施工工艺

① 对起重机的作业要求：

应根据建筑工程结构的跨度、吊装高度、构件重量、作业条件选择起重机型号规格，根据现场计划，拟采用塔式起重机进行现场吊装，构件运输采用 70t 运输车。

② 对吊装安全的要求：

a. 对所有作业人员及新进场、转岗人员进行有针对性的安全教育培训；配备足够数量的专职安全生产管理人员。

b. 特种作业人员必须经过专门的安全作业培训，并取得资格证书持证上岗作业。

c. 安全防护措施及时到位；按照要求配备齐全、合格的安全防护用具并正确使用。

d. 施工临时用电及施工机具的使用符合相应的标准规范。

e. 高处作业人员要有针对性地进行安全教育及技术交底，并履行好签字手续。高处作业人员要正确使用安全防护用品，如安全帽、安全带等。

f. 每一处临边应有防护措施，防护应符合要求；"三宝四口"要有专项施工方案。

g. 吊装期间地面警示标志和地面预警人员要配备到位。

h. 工地急救医务室、医务人员、急救车辆、药品要配备齐全。

i. 天气情况要适合于吊装施工：五级以上大风天气、雨天、雷天禁止吊装施工。

j. 起重设备完好，由专人操作，地下、楼上、塔式起重机各种指挥信号要统一、齐全、通畅。

③ 外墙板吊装：

a. 根据外墙板吊装顺序图，按顺序对外墙板进行就位。箭头所指方向为正面。

b. 贴水平方向泡沫胶条：距外墙板倒角边 10mm 处贴 15mm×25mm 单面泡沫胶条，防止浇筑混凝土时水平方向漏浆。

c. 贴竖向泡沫胶条：在外墙板拼缝处竖向贴单面泡沫胶条，防止浇筑混凝土时竖向漏浆。泡沫胶条距外墙板倒角边预留 10mm，用于外墙板缝打胶。

d. 外墙板起吊就位：外墙板起吊前，检查钢丝绳，用卡环锁紧外挂板上吊环。吊装时在窗洞口还需增设保护用钢索。

吊运到安装位置时，先找好竖向位置，再缓缓下降就位。就位前先在外墙板缝处放置一块 20mm 厚的垫块，控制墙板的拼缝宽度。墙板就位时，以外墙内边线为准，做到外墙面顺直，墙身垂直，缝隙一致。为保证外墙板按边线就位，也可在边线上用电锤引一个孔插入钢筋，墙板落位时沿钢筋边缓慢下落，准确就位。

④ 外墙板临时固定，垂直度校正：外墙板就位后，每个构件用两根支撑临时固定。固定后同时旋转支撑对构件垂直度进行微调。

⑤ 安装连接件：外墙校正后，用连接件将相邻墙板接成一体。安装连接件时，螺栓紧固合适，不得影响外墙平整度，安装完毕后用点焊固定。

⑥ 注意事项：

a. 起吊时吊爪开口凹槽正对钢丝绳受力方向，凹槽与钢丝绳平行。

b. 取钩、固定斜支撑人员必须系好安全带，并与防坠器相连。防坠器有可靠的固定措施。操作人员所用的梯子必须牢固。

c. 外墙板就位后必须严格检查横向、竖向拼缝宽度是否一致。

d. 外墙板吊装完后，应拉通线对外墙板的标高以及外墙面平整度进行校核。

e. 外墙板吊装时，外墙板底部无需坐浆。

2）根据叠合梁吊装顺序图，按顺序对叠合梁进行就位

① 弹线：将叠合梁底标高控制线、梁端面控制线弹在外墙板上。叠合梁锚入柱、剪力墙15mm。

② 叠合梁支撑架的搭设：每根叠合梁底不少于两根直支撑，支撑顶面标高差不大于3mm。

③ 叠合梁挂钩：用吊钩或卸扣穿过框架梁箍筋（两根）进行固定；或在叠合梁内预埋专用吊钉，用于叠合梁起吊。

④ 叠合梁就位：叠合梁就位时，需注意钢筋弯起方向。

⑤ 夹具临时固定：叠合梁就位后用夹具进行临时固定，且不少于两个。夹具距梁端不少于300mm。

⑥ 模板支设完毕后，需有专人校核叠合梁的垂直度。

3）叠合楼板吊装工艺

① 根据叠合楼板吊装顺序图，按顺序对叠合板进行就位。严格按箭头方向落位。

② 搭设支撑架：支撑架采用键槽式或轮扣式脚手架，立杆间距1500mm×1500mm。立杆距叠合楼板不应大于500mm，且立杆与立杆必须有可靠的连接，设置不少于两道双向连接杆。

③ 叠合楼板板底标高复核：板底横杆铺设完成后必须拉通线校核横杆上表面标高，通过调节顶托丝杆使板底横杆上表面与叠合楼板底标高一致。

④ 叠合楼板挂钩起吊就位：叠合楼板长不大于4m时采用4点挂钩；大于4m时采用8点挂钩，吊钩或卸扣对称（左右、前后）固定于桁架纵向与腹筋的焊接位置。挂钩时应确保各吊点均匀受力。

⑤ 落位：根据构件编号及构件标识方向进行落位（同时参照构件制作详图及构件上预留孔洞）。叠合楼板短边支承于梁/剪力墙上15mm。叠合楼板长边与梁拼缝为10mm。叠合楼板与叠合楼板长边拼缝为20mm。

⑥ 叠合楼板底接缝高低差校核：叠合楼板吊装完后必须有专人对叠合楼板底拼缝高低差进行校核，拼缝高低差不大于3mm。

⑦ 叠合楼板施工操作人员必须系好安全带。

思考与练习

一、单选题

1. 在 PC 构件运输道路规划中，施工道路宜设置成（　　）。

A. 单行道路 　　　　　　　　　　B. 环形道路

C. 双向通行道路 　　　　　　　　D. 以上都不是

2. PC 构件运输时，要求要满足会车区道路不宜小于（　　）m。

A. 4 　　　　　　B. 6 　　　　　　C. 8 　　　　　　D. 10

3. 构件进场后下一步工作是（　　）。

A. 构件堆放确认 　　　　　　　　B. 构件位置测量放线

C. 柱吊装 　　　　　　　　　　　D. 梁吊装

4. 预制构件吊运中吊索水平夹角不宜大于（　　），不应小于（　　）。

A. 60°，50° 　　　　　　　　　　B. 60°，45°

C. 50°，45° 　　　　　　　　　　D. 50°，50°

5. 预制墙板吊运时，当墙板上有（　　）个吊钉时应采用钢梁。

A. 2 　　　　　　B. 3 　　　　　　C. 4 　　　　　　D. 5

6. PC 构件运输道路规划，当没有条件设置环形道路时，需设置不小于（　　）的回车场。

A. 3m×4m 　　　B. 6m×4m 　　　C. 12m×8m 　　　D. 以上都不是

7. 构件长度大于 4m 时，斜支撑应该布置（　　）根。

A. 1 　　　　　　B. 2 　　　　　　C. 3 　　　　　　D. 4

8. 模板吊运时，（　　）级以上大风严禁操作。

A. 3 　　　　　　B. 4 　　　　　　C. 5 　　　　　　D. 6

9. 墙板垂直度检查采用靠尺检查时，当构件大于 5m 时，应靠（　　）尺。

A. 1 　　　　　　B. 2 　　　　　　C. 3 　　　　　　D. 4

10. 关于构件堆放说法正确的是（　　）。

A. 构件进场找空场地堆放 　　　　B. 构件与搁置点之间设置刚性垫片

C. 预埋吊环宜向上 　　　　　　　D. 标识向内

二、多选题

1. 吊装剪力墙安装吊钩时应检查吊钉周围是否有（　　）等影响吊钉受力的情况。

A. 蜂窝 　　　　　B. 麻面 　　　　　C. 开裂 　　　　　D. 固结

E. 漏筋

2. 安装斜支撑时要注意（　　）。

A. 安装前先固定下部支撑点

B. 上部支撑点安装高度在墙板 1/3 位置处

C. 斜支撑底部固定不少于两个自攻钉

D. 斜支撑底部螺杆伸出长度不少于 200mm

E. 外墙有斜支撑套筒时应安装在套筒位置

3. 在安装缆风绳起吊构件时，要注意（　　）。

A. 缆风绳的长度为 5m

B. 构件起吊时要迅速

C. 起吊时要保持构件水平

D. 起吊时确保构件与相邻构件保持一定距离

E. 钢丝绳受力要均匀

4. 下列施工现场平面布置叙述正确的是（　　）。

A. 施工现场平面布置，指在施工用地范围内，对各项生产、生活设施及其他辅助设施等进行规划和布置

B. 使场内运输距离最短，尽量做到短运距、少搬运，减少材料的二次搬运

C. 保证工程施工顺利进行的条件下，尽量减少临时设施的搭设

D. 各项布置内容应符合劳动保护、技术安全、防火和防洪的要求

E. 满足施工条件的前提下，要布置宽松，尽可能增加施工占地面积，多占农田

三、判断题

1. 预制剪力墙运输采用水平运输方式。　　　　　　　　　　　　　　　　（　　）

2. 施工现场平面布置设计，要使场内运输距离最短，尽量做到短运距、少搬运，减少材料的二次搬运。　　　　　　　　　　　　　　　　　　　　　　　　（　　）

3. 起吊时需要静停，静停时间为 10s。　　　　　　　　　　　　　　　　（　　）

4. 阳台板安装标高允许偏差为 5mm。　　　　　　　　　　　　　　　　（　　）

5. 预制构件进场后根据图纸在构件上标出吊装顺序号。　　　　　　　　　（　　）

四、问答题

杭州某装配式建筑吊装施工，班组长在确认构件编号后安排工人安装吊钩、起吊、落位，请问中间是否缺少必要的其他工序？其中安装吊钩应注意哪些事项？

任务4

剪力墙吊装施工

Chapter 04

学习目标

本任务围绕剪力墙吊装施工展开。讲解了剪力墙吊装准备，针对本构件施工工序各个环节的吊装施工要求展开。通过本任务的学习，学生需掌握剪力墙吊装准备与施工的相关知识。

能力目标

通过本任务的学习，能制定剪力墙吊装施工方案并进行技术指导。

德育目标

培育学生在剪力墙吊装过程中高标准严要求的工作态度、创新精神和人文精神，以建筑之美绽放匠心精神。

任务导入

本工程为某安置小区及教师限价房建设工程，其中4号楼剪力墙共330块，本项目主要任务是根据施工图完成剪力墙的吊装。

任务分解：

（1）吊装准备；

（2）吊装施工。

思维导图

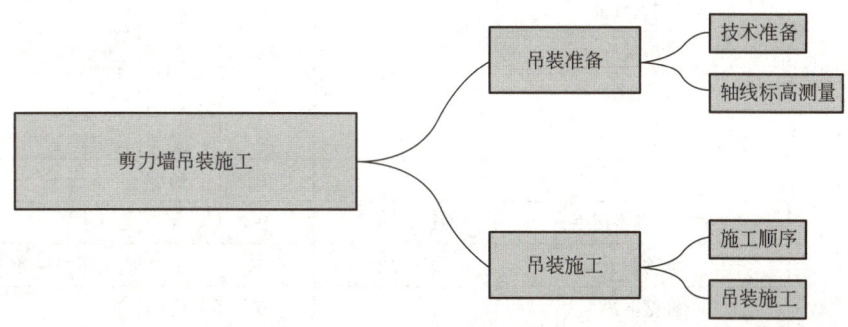

4.1　吊装准备

任务引入

在剪力墙吊装施工前，需做好三个准备，一是熟悉项目概况，对剪力墙施工图进行阅读，提取工程相关各项参数，如构件编号、构件名称等，便于构件的选定，提高吊装速度；二是熟悉施工组织设计，掌握施工工艺流程，合理安排吊装；三是做好轴线标高测量工作。

任务实施

4.1.1　技术准备

1. 工艺图纸准备

开工前联系设计院将各类施工图归类到工艺图上，做到生产、施工有理可依、有据可循。

2. 吊装顺序确定

（1）确定原则

遵守"先外、后内，从中间往两侧吊，有梁的墙板先吊低梁后高梁，做到工程发车顺序与吊装顺序一致"的原则。

（2）封闭围护

外墙板安装时，应逐块安装形成封闭围护体系。这样可减少误差累计，施工结构整体性好，临时固定简单方便。

3. 工具和设备准备

根据工程项目的构件分布图，制定合理的安装方法并选择起重机的型号和机位，本项目最大构件重量为 9.32t，综合各构件的位置和重量配置 4 台 TC6015 型塔式起重机。

主要吊装工具、设备需求表见表 4-1。

主要吊装工具、设备需求表　　　　　　　　　表 4-1

序号	类别	物料名称	规格	数量	单位	备注
1	主体吊装用工具	塔式起重机	TC6015	4	台	—
2		吊爪	2.5t	32	个	—
3		自锁式吊钩	2.7t	32	个	—
4		卸扣	3t	32	个	—
5		对讲机	—	10	台	—
6		充电式冲击扳手	WR18DSDL	4	台	—
7		电动起子	$\phi 10, \phi 24$	各 10	个	每种规格各 10 个
8		轻型电锤	—	10	把	—
9		平衡钢梁	—	3	根	—
10		钢丝绳	$\phi 22$, 长 3m	8	根	—
11		钢丝绳	$\phi 18$, 长 3m	8	根	—
12		钢丝绳	$\phi 18$, 长 4m	12	根	—
13		斜支撑	2m	840	根	—
14		挂尺	3m	5	把	—
15		撬棍	$\phi 32$ 螺纹钢	8	根	1～1.5m
16		水泥自攻钉	M10×75	13000	个	—
17		单面泡沫胶条	30mm×30mm	4500	m	—
18		钢爬梯	—	5	个	—
19		铝合金楼梯	—	5	个	—
20		电焊机	—	5	台	—
21		固定螺栓	—	3000	个	—
22		铁锤	4P	4	把	—
23		外墙板定位件	—	760	个	—
24		内墙板定位件	—	760	个	—
25		钢筋校核板	—	50	块	根据剪力墙的钢筋规格、间距
26		注浆泵	—	2	台	—
27	劳保用品	安全帽	—	200	个	—
28		工作服	—	80	套	—
29		帆布手套	—	100	双	—
30		安全带	—	30	根	—
31	周转材料	独立支撑	—	2110	套	—
32		木模板	—	3000	m²	—

4. 索具设备准备

（1）所有索具吊具必须要有合格证、检验报告才能投入使用。

（2）计算钢丝绳允许拉力时，应根据起重量以及不同的用途选用安全系数。

（3）钢丝绳的连接强度不得小于其破断拉力的 80%；当采用绳卡连接时，应按照钢丝绳直径选用绳卡规格及数量，绳卡压板应在钢丝绳长头一边，采用编结连接时，编结长度不应小于钢丝绳直径的 15 倍，且不应小于 300mm。

（4）钢丝绳出现磨损断丝时，应减载使用，当磨损断丝达到报废标准时，应及时更换合格钢丝绳。

（5）应根据构件的重量、长度及吊点合理制作吊索，工作中吊索水平夹角宜为 $45°\sim60°$。

（6）根据起吊重量选择合适的吊钩或卡环，严禁使用焊接钩、钢筋钩，当吊钩挂绳断面处磨损超过高度 10% 时应报废。

（7）吊具（铁扁担）的设计制作应有足够的强度及刚度，根据构件重量、形状、吊点和吊装方法确定，吊具应使构件吊点合理、吊索受力均匀。

（8）应按照钢丝绳直径及工作类型选用滑车，滑车直径与钢丝绳直径比值不得小于 15。

5. 方案审批

吊装分项工程开工前，由技术负责人编制该分项工程的专项施工方案，方案编制完成后由项目总工程师组织有关人员评审，特殊工序施工方案必须经公司或本工程专家顾问团评审，经修改后报监理单位审批。

6. 交底

在吊装作业前要对所有相关人员完成交底工作，包括技术交底和安全交底，项目部应按批准的施工组织设计或专项安全技术措施方案，向有关人员进行安全技术交底。安全技术交底主要包括两个方面的内容：一是在施工方案的基础上按照施工的要求，对施工方案进行细化和补充；二是要将施工作业的安全注意事项讲清楚，保证作业人员的人身安全。安全技术交底工作完毕后，所有参加交底的人员必须履行签字手续，施工负责人、生产班组、现场专职安全管理人员三方各留执一份，并记录存档安全技术交底。

7. PC 准备

构件吊装前，作业层所需的构件均已从工厂运至现场，并按照要求堆放在指定的构件堆放区域。

4.1.2 轴线标高测量

±0.000 以上平面控制采用内控法，具体的测设过程如下：

1. 轴线控制点布置

主楼地上 18～20 层，故拟在建筑物内布设内控点，采用"内控法"利用激光铅垂仪向上引测平面控制点。

2. 测量控制

当混凝土结构施工至 ±0.000m 后，立即根据基坑外围布置的坐标基准点和工作点，使用高精度电子全站仪引测激光控制点到 ±0.000m 混凝土楼面，并做好点位标记。±0.000m 由于人员走动较频繁，激光点测放到楼面后需进行特殊的保护，激光点穿过功能楼层时需在浇筑混凝土前预留 15cm×15cm 的孔洞，浇筑混凝土后需在各功能楼层测放引线。

将钢板加焊锚脚预埋在混凝土楼面上，然后打上阳冲眼标示中心点位置，如图 4-1 所示。

功能楼层处浇筑混凝土后，不拆除木盒，以防楼面垃圾物堵塞孔洞。对点时用麻线绷紧在小铁钉上以便找准中心点，用完后将麻线拆除，以免堵塞激光孔，如图 4-2 所示。

图 4-1　±0.000m 楼面点位做法及保护　　　　图 4-2　功能楼层做法

2. 标高引测点设置

由于主楼属高层建筑，计划分阶段进行垂直引测（分 3 阶段），每一阶段控制 6 层左右，主要综合考虑到以下两个因素：

（1）提高工作效率

向上投测内控点时，仪器架设层至施工层之间的预留洞口有可能会被各种材料或者垃圾等堵塞，需要派人清理，从而影响工作效率，穿越层数越多，效率越低。

（2）提高投测精度

投测层数越高，激光束越易飘移，且光斑直径越大，影响投测精度。将激光铅垂仪安置在已做好的控制点上，对中整平后，仪器发射激光束，穿过楼板洞口而直射到激光接收靶上，激光垂准仪操作人员将激光点调至最小最亮，转动仪器，使激光点在接收靶上形成圆圈，上面操作接收靶人员见光后移动接收靶，使靶交点与圆圈中点重合，此时固定靶位，接收靶中心即控制点位置。投测时，测量人员互相之间用对讲机进行联络。

每 20～30m 划分为一个垂直引测阶段，阶段内引测的基准标高通过 50m 钢卷尺，顺着激光预留洞口垂直往上引测，然后通过架设水准仪引测到墙柱上，每施工流水段引测 3 个基准点。

基准标高引测到工作楼层后，即可进行主体结构标高的抄测。根据基准标高，放出每层结构面＋1.000m 标高，并用墨线和红油漆作标识。

利用激光铅垂仪将内控点投测到阶段转换层后，用高精度电子全站仪复核内控点间距离和各边角度。

3. 放线复核

根据控制轴线和控制水平线依次放出墙板的纵、横轴线；墙板两侧边线；节点线；门洞口位置线。

在所放的墙板纵、横轴安装线边缘 500mm 位置的地面上，按设计图纸，将该段墙体的 PC 墙板编号用醒目的标示颜色标示在地面上，并反复核对，确保正确。

墙板安装前就位处必须用硬塑垫块找平。

每层轴线标高需在复核自检完成后，报监理工程师审核，验收合格后方可进行下道工序。

4. 施工测量标准

（1）放线数据的验算

将所有控制点和放线点在 CAD 图上编号，并将编号及坐标输入全站仪存储，放线前从 CAD 图上拾取所需数据并输出放线数据表，放线时与全站仪坐标放样程序自动生成的数据进行验核，两者一致方可进行点位放线。否则查出错误原因，重新组织数据。每次放线抽取 10％且不少于三个点进行手算核验。

（2）不合格项的管理

实测过程中，当偏差超出规范要求时，由测量工程师查出原因，并写出重测报告，报项目总工程师批准后实施重测，同时将偏差及重测情况记录存档，严禁随意调整点位处理偏差情况发生。

（3）验线制度

所有轴线、细部线和标高线，测量人员必须 100％自检，自检合格后填写测量放线资料。地面定位线、垫层墨线由项目总工程师签字并组织验线。其余线位由专业测量工程师签字后报监理验线。验线合格后，测量工程师与工长、施工队技术员进行交接，三方签字后存档。严禁不经验线进入下道工序的情况发生。

（4）做好现场平面、高程控制网点的保护，并定期复核。

（5）配备精密仪器，减少仪器本身误差对测量精度的影响。

（6）现场使用的测量仪器设备按照规定进行检校、维护和保养，发现问题后立即将仪器设备送检，确保测量仪器本身的精确。

（7）测量工程师要根据施工进度和测量方案要求，安排现场测量放线工作，并做好施工测量日志。

（8）现场测量人员固定，控制施工测量的人为误差。

（9）标高点数要求：每块墙板的标高点数为两个，标高总数为 PC 墙板总数×2。

（10）测量资料整理及仪器配备：施工的过程中，所有的测量资料均使用档案馆要求的记录和表格，平时应注意资料的收集和整理，保证竣工交工时资料齐全、整齐。本工程拟采用的测量仪器见表 4-2。

测量仪器配置表　　表 4-2

设备名称	型号	数量	用途	精度指标
全站仪	NTS-332R4	1 台	轴线控制网布设及坐标放样	2mm+2ppm
水准仪	DSZ2	2 台	标高测量控制	1mm/km
电子水准仪	Zeiss Dini10	4 台	高程控制网测量	0.3mm/km
激光铅垂仪	DSZ2	1 台	控制点的竖向投递	1/200000
钢尺	50m	5 把	轴线量测	Ⅰ级

思考与讨论

思考放线的组成和放线的步骤及方法。

4.2 吊装施工

任务引入

　　装配式剪力墙的安装方法主要有直接吊装法和储存吊装法两种，本工程采用直接吊装法。

　　直接吊装法又称为原车吊装法，将剪力墙墙板由生产场地按墙板安装顺序配套运到施工现场，使用吊装工具直接吊装施工。

任务实施

4.2.1 施工顺序

剪力墙吊装施工工作流程为：轴线标高复核→确认构件起吊编号→安装吊钩→安装缆风绳、起吊→落位→安装斜支撑→取钩→垂直度检查→标高复核→安装墙板加固件→封缝。

3. 无插筋外墙板吊装

4.2.2 吊装施工

1. 确认构件起吊编号

本工程吊装顺序按照装配原设计图执行，构件起吊前楼层施工作业人员与运输车上作业人员确认构件的信息，无误后进行下一步操作。

（1）根据外墙板吊装顺序图；核查墙板编号；箭头所指方向为正面。

（2）清洁接合面。

（3）复核轴线、构件边线、标高等；根据标记的厚度安装塑料垫块。

提示

预制构件编号不同的公司有不同的标法，除本工程的标注方法外，还存在按照构件名称、轴线方向两个因素进行命名的方法，例如：

WH101　2.4 表示：外墙板沿水平向（即 X 轴），重量 2.4t。

WV101　4.9 表示：外墙板沿纵向（即 Y 轴），重量 4.9t。

NH201　1.4 表示：内墙板沿水平向（即 X 轴），重量 1.4t。

NV201　1.2 表示：内墙板沿纵向（即 Y 轴），重量 1.2t。

2. 安装吊钩、缆风绳

（1）外墙板起吊前，检查钢丝绳，用卡环锁紧外挂板上吊环。吊装时在窗洞口还需增设保护用钢索。

（2）将钢梁、吊索移至构件上方，两侧分别挂钩，采用爬梯进行登高操作，将吊钩与墙体吊环连接，吊索水平夹角不宜大于 60°，且不应小于 45°。缆风绳应放置在墙板的正面便于操作。

（3）起吊时吊爪开口凹槽正对钢丝绳受力方向，凹槽与钢丝绳平行，如图 4-3 所示。

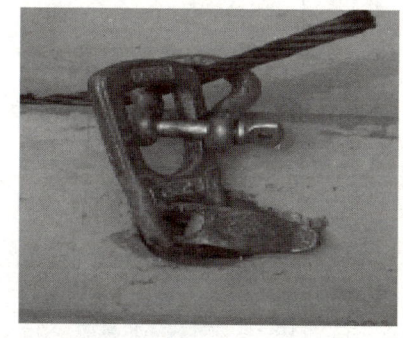

（4）挂钩之前应检查钢丝绳、吊具的磨损情况，吊具与卡环及钢丝绳之间连接是否牢靠。检查吊钉周围的混凝土是否有蜂窝、麻面、开裂等影响吊钉受力的质量缺陷。

（5）构件吊运线路必须在防坠隔离区内（建筑物外边线向外延伸 6m），在空中吊运时，防坠隔离区不得有施工人员。

图 4-3　吊爪开口凹槽朝向图

（6）构件起吊应遵循慢起、快升、慢落。

（7）群塔作业时未吊重物的避让吊有重物的塔式起重机。

（8）就位时认真核对构件的正反面，构件预留管线接驳口与楼面预留位置对齐。

（9）牵引缆风绳时严禁用蛮力拉扯，只需保证吊装构件不与已安装好的构件碰撞即可。

 提示

缆风绳与地面的夹角宜为 30°，最大不宜超过 45°。

3. 落位

施工人员可以手扶剪力墙板，控制剪力墙下落方向，待到距预埋钢筋顶部 20mm 处，利用反光镜进行钢筋与套筒的对位，剪力墙板底部套筒位置与地面预埋钢筋位置对准后，将剪力墙板缓慢下降，使之平稳就位。

4. 有插筋墙板吊装

落位时注意墙板的正反面，图纸箭头面为正面。根据地上所标示的垫块厚度与位置选择合适的垫块将墙板垫平。落位时还可根据外挂板下端的连接件就位（连接件安装时外边与外挂板内边线重合）。落位时挂板下端无需坐浆，待挂板吊装完之后将有墙柱位置的缝隙用砂浆进行封堵，以防混凝土浇筑时漏浆。

预制剪力墙下方有插筋时，应在两侧放置镜子，确认下方连接钢筋准确插入构件的灌浆套筒内。

 提示

（1）外墙板就位后必须严格检查横向、竖向拼缝宽度是否一致。

（2）外墙板吊装完后，应拉通线对外墙板的标高、外墙面平整度进行校核。

（3）外墙板吊装时，外墙板底部无需坐浆。

4. 安装斜支撑、取钩

（1）斜支撑目的是对预制墙板起临时固定作用，斜杆有调节螺杆可以对外墙板垂直度进行微调。

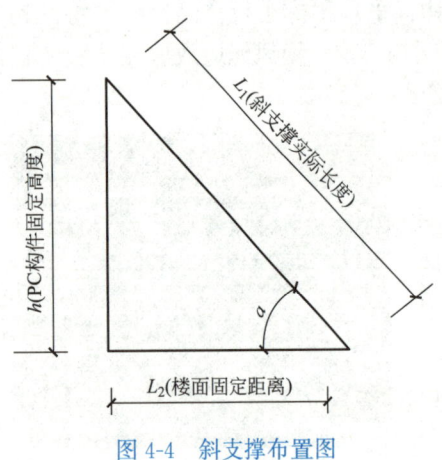

图 4-4　斜支撑布置图

（2）斜支撑安装位置应根据斜支撑布置图为依据，确认斜支撑在 PC 构件上的固定高度 h（1/2 构件高度≤h≤2/3 构件高度），斜支撑与楼面夹角 a（40°≤a≤60°），斜支撑实际长度 L_1 根据斜支撑可调范围确定，如图 4-4 所示。

（3）阳角处 2 块 PC 构件上的斜支撑在平面图上有相交时，两根斜支撑的交点分别距 PC 构件的距离至少大于 100mm。

（4）斜支撑离墙板两端 0.2～0.3m；以免影响模板施工。

（5）斜支撑上端用 M16×30 螺栓，下端用 M10×75 的水泥自攻钉固定或固定在已经预埋在预制板上的支撑环上。

（6）固定后同时旋转支撑对构件垂直度进行粗调。

图 4-5　安全带、防坠器

（7）在确保斜支撑安装牢固到位后方可取钩，取钩、固定斜支撑人员必须系好安全带，并与防坠器相连，如图 4-5 所示。防坠器应有可靠的固定措施，操作人员所用的梯子必须为人字梯，安放牢固。

5. 垂直度检查、标高轴线复核

用 2m 靠尺、塞尺检查构件垂直度、平整度，每块剪力墙检查不少于两处，发现倾斜时使用调节螺杆旋转斜支撑对构件垂直度进行微调，垂直度调整时应将固定在墙板上的所有斜支撑同时旋转，严禁一根往外旋转一根往内旋。如遇墙板还需要调整，支撑旋转不动时严禁用蛮力旋转，旋转时应时刻观察撑杆的丝杆外露长度（丝杆长度为 500mm），不能只顾旋转而不观察导致丝杆与旋转杆脱离。

当吊装时发现已施工完毕的外挂板有偏差的，如果偏差小于 8mm 的可一次调整归位，如果偏差大于 8mm 时则应分两次或多次调整。调整时宜将垂直度及定位线同时调整，相邻的墙板也应适当调整。

剪力墙板吊装完之后应全部复核检查其标高轴线，应用经纬仪、卷尺检查复核构件安装标高、轴线位置。

6. 安装墙板加固件

全部检查无误后将相邻墙板间、墙板与楼面交接处用加固件固定，如图 4-6 所示，安装连接时，螺栓紧固合适，不得影响外墙平整度，安装完毕后可用点焊加以固定。

7. 封缝

贴水平方向泡沫胶条：距外墙板倒角边 10mm 贴 15mm×25mm 单面泡沫胶条，防止浇筑混凝土时水平方向漏浆。

贴竖向泡沫胶条：在外墙板拼缝处竖向贴单面泡沫胶条，防止浇筑混凝土时竖向漏

图 4-6　连接件

浆。泡沫胶条距外墙板倒角边预留 10mm，用于外墙板缝打胶。

思考与练习

一、单选题

1. 一般预制剪力墙与相邻的预制剪力墙在设计时预留（　　）mm 安装拼缝。

A. 5　　　　　　　B. 10　　　　　　　C. 15　　　　　　　D. 20

2. 预制构件起吊时，钢丝绳与构件的水平夹角不应小于（　　）°。

A. 45　　　　　　　B. 60　　　　　　　C. 30　　　　　　　D. 90

3. 根据起吊重量选择合适的吊钩或卡环，严禁使用焊接钩、钢筋钩，当吊钩挂绳断面处磨损超过高度（　　）％时应报废。

A. 10　　　　　　　B. 15　　　　　　　C. 20　　　　　　　D. 25

4. 外墙板放线要根据各块板的长度放出控制边线，每块外墙板板缝必须控制在（　　），并保证相邻的板缝相对均匀。

A. 10～15mm　　　B. 15～20mm　　　C. 20～25mm　　　D. 15～25mm

5. 装配式剪力墙的安装方法主要有直接吊装法和（　　）两种。

A. 间接吊装法　　　　　　　　　　B. 储存吊装法

C. 整体吊装法　　　　　　　　　　D. 分件吊装法

6. 封缝采用贴水平方向泡沫胶条，距外墙板倒角边（　　）处贴 15mm×25mm 单面泡沫胶条，防止浇筑混凝土时水平方向漏浆。

A. 10mm　　　　　B. 15mm　　　　　C. 20mm　　　　　D. 25mm

7. 预制墙板吊运时，当墙板上有（　　）个吊钉时应采用钢梁。

A. 2　　　　　　　B. 3　　　　　　　C. 4　　　　　　　D. 5

8. 以下不属于装配式建筑主要竖向构件的是（　　）。

A. 预制剪力墙　　　B. 外挂墙板　　　C. 内墙　　　　　D. 预制楼梯

二、多选题

1. 关于墙板布置顺序说法正确的是（　　）。

A. 先将重板放中间

B. 先吊装的放在货架外侧

C. 后吊装的放在货架内侧

D. 从两端往中间依次吊装

E. 从中间向两端依次吊装

2. 剪力墙吊装时，关于斜支撑的做法正确的有（　　　）。

A. 斜支撑布置时，下端和叠合板上预埋的 U 形筋连接，上部与墙板螺栓孔连接

B. 预制构件小于 4m 布置两根

C. 墙板上部支撑点距离构件底部的距离不宜小于高度的 2/3

D. 离墙板两端 0.2～0.3m

E. 预制构件大于 4m 布置 4 根

三、判断题

1. 外墙板安装时，应逐块安装形成封闭围护体系。　　　　　　　　（　　　）

2. 吊装分项工程开工前，由项目总工程师编制该分项工程的专项施工方案。（　　　）

3. 在吊装作业前要对所有相关人员完成技术交底和安全交底工作。　　（　　　）

4. 测量每块墙板的标高点数为 3 个，标高总数为 PC 墙板总数×2。　　（　　　）

5. 吊装分项工程开工前，由技术负责人编制该分项工程的专项施工方案，方案编制完成后由项目总工程师组织有关人员评审。　　　　　　　　　　　　（　　　）

任务 **5**

Chapter 05

框架柱吊装施工

学习目标

本任务围绕框架柱吊装施工展开。讲解了框架柱吊装准备，针对本构件施工工序各个环节的吊装施工要求展开。通过本任务的学习，学生需对框架柱吊装施工内容有所掌握。

能力目标

通过本任务的学习，能对框架柱吊装制定施工方案并进行技术指导。

思政目标

培养学生在框架柱吊装过程中严谨求实、耐心细致、精益求精的匠人精神，要求学生具备扎实的构件框架柱吊装理论知识，掌握框架柱吊装知识要点。

强化学生的安全责任意识，不仅要让学生懂安全、想安全，还要管安全。

任务导入

本工程为某安置小区及教师限价房建设工程，其中4号楼框架柱共45根，本项目主要任务是根据施工图完成框架柱的吊装。

任务分解：

（1）吊装准备；

（2）吊装施工。

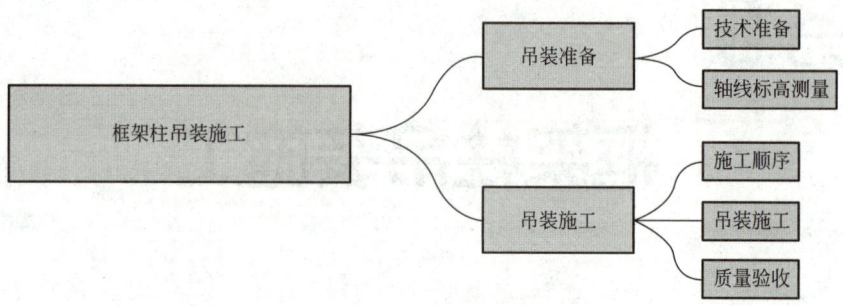

5.1　吊装准备

任务引入

在框架柱吊装施工前，需做好两个准备，一是熟悉项目概况，对框架柱施工图进行阅读，提取工程相关各项参数，如构件编号、构件名称等，便于构件的选定，提高吊装速度；二是熟悉施工组织设计，掌握施工工艺流程，合理安排吊装。

任务实施

5.1.1　技术准备

1. 工艺图纸准备

开工前联系设计院将各类施工图归类到工艺图上，做到生产、施工有理可依、有据可循。

2. 基本规定

（1）预制框架柱（预制柱）不但要符合《混凝土结构设计规范（2015 年版）》GB 50010—2010 的要求，而且还应该满足下列要求：

1）柱纵向受力钢筋直径不宜小于 20mm。

2）矩形柱截面宽度或圆柱直径不宜小于 400mm，且不宜小于同方向梁宽的 1.5 倍。

3）柱纵向受力钢筋采用套筒灌浆连接时，柱箍筋加密区长度不应小于纵向受力钢筋连接区域长度与 500mm 之和；套筒上端第一个箍筋距离套筒顶部不应大于 50mm。

（2）采用预制柱及叠合梁的装配整体式框架中，柱底接缝宜设置在楼面标高处，并应符合下列规定：

1）后浇节点区混凝土上表面应设置粗糙面。

2）柱纵向受力钢筋应贯穿后浇节点区。

3）柱底接缝厚度宜为 20mm，并应采用灌浆料填实。

（3）梁、柱纵向钢筋在后浇节点区内采用直线锚固、弯折锚固或机械锚固的方式时，其锚固长度应符合 GB 50010—2010 中的有关要求；当梁、柱纵向钢筋采用锚固板时，应符合《钢筋锚固板应用技术规程》JGJ 256—2011 中的有关要求。

（4）采用预制柱及叠合梁的装配整体式框架节点，梁纵向受力钢筋应伸入后浇节点区内锚固或连接，并应符合下列要求：

1）对框架中间层中节点，节点两侧的梁下部纵向受力钢筋宜锚固在后浇节点区内，也可采用机械连接或焊接的方式直接连接；梁的上部纵向受力钢筋应贯穿后浇节点区。

2）对框架中间层端节点，当柱截面尺寸不满足梁纵向受力钢筋的直线锚固要求时，宜采用锚固板锚固，也可采用 90°弯折锚固。

3）对框架顶层中节点，梁纵向受力钢筋的构造应符合 1）的要求。柱纵向受力钢筋宜采用直线锚固；当梁截面尺寸不满足直线锚固要求时，宜采用锚固板锚固。

（5）对框架顶层端节点，梁下部纵向受力钢筋应锚固在后浇节点区内，且宜采用锚固板的锚固方式；梁、柱其他纵向受力钢筋的锚固应符合下列要求：

1）柱宜伸出屋面并将柱纵向受力钢筋锚固在伸出段内，伸出段长度不宜小于 500mm，伸出段内箍筋间距不应大于 $5d$（d 为柱纵向受力钢筋直径），且不应大于 100mm；柱纵向钢筋宜采用锚固板锚固，锚固长度不应小于 $40d$；梁上部纵向受力钢筋宜采用锚固板锚固。

2）柱外侧纵向受力钢筋也可与梁上部纵向受力钢筋在后浇节点区搭接，其构造要求应符合 GB 50010—2010 中的要求；柱内侧纵向受力钢筋宜采用锚固板锚固。

（6）采用预制柱及叠合梁的装配整体式框架节点，梁下部纵向受力钢筋也可伸至节点区外的后浇段内连接，连接接头与节点区的距离不应小于 $1.5h_0$（h_0 为梁截面有效高度）。

图 5-1 柱子定位钢板

3. 柱子定位钢板安装

在基础钢筋绑扎的同时，需事先安装柱子定位钢板（图 5-1）。

（1）对照图纸在施工现场找到相应安装位置。

（2）按柱子安装顺序排列定位钢板，一次起吊。

（3）在楼板模板上弹出 1m 定位线。

（4）提前按锚固长度加工定位钢筋。

（5）绑扎梁柱节点钢筋后，采用特制定位钢板及经纬仪对柱预留插筋的位置进行定位调整，防止绑扎梁钢筋时扰动柱预留插筋而使柱筋偏位。应根据图纸对中心位置偏差超过 3mm 的钢筋进行位置校正，钢筋校正时应采用 1∶6 冷弯校正。

4. 其他事项

（1）预制柱主筋套筒质量检查、套筒内部清理、构件编号和吊点确认。

（2）预制柱角钢包边平整度检查、柱长度检查。预制柱上、下连接处角钢包边如图 5-2 所示。

（3）预制柱预留插筋预留长度的检查（不小于柱内钢筋套筒长度）。

（4）准备吊装前所需设备（斜撑及固定铁件、

图 5-2 预制柱上、下连接处角钢包边

经纬仪等）。

（5）确认预制柱吊装顺序，检查灌浆料质量及准备施工工具。

（6）预制柱连接处混凝土面清理干净。

（7）放样出柱边线。

5. 柱吊装关键点

（1）预制柱吊装完成后注意预留钢筋的高度。

（2）柱与梁搭接时应避免柱封闭箍筋与预制梁安装冲突，可先生产半成品封闭箍筋，待箍筋安装完成后再进行封闭焊接。

6. 交底

（1）装配式构件应严格按拆分图纸施工，工程质量控制与验收应严格按照《预制预应力混凝土装配整体式框架结构技术规程》JGJ 224—2010、《装配式混凝土建筑技术标准》GB/T 51231—2016、《装配式混凝土结构技术规程》JGJ 1—2014 等相关规程和标准执行。

（2）预制构件的质量和标识应符合国家现行有关标准、规程和设计的有关要求，进场的预制构件应具有出厂证明文件。预制构件的外观质量不应有严重缺陷，构件的外观质量应符合规范规定。

（3）预制构件混凝土强度应按规定进行复验。对预制构件中主要受力钢筋保护层厚度按规定进行复验。

（4）施工单位或监理单位代表应驻厂监督预制构件生产过程；当无驻厂监督时，预制构件进场时应对其主要受力钢筋数量、规格、间距、保护层厚度及混凝土强度等级进行实体检验。

（5）连接用灌浆套筒内的灌浆料强度达到 35MPa 后，方可拆除预制柱的临时支撑。

7. PC 准备

（1）预制柱进场验收后，根据构件编号和吊装计划在柱子上标出序号，并在图纸上标出序号位置以便于吊装。

（2）安装前对预制柱的结合面及预留钢筋进行清洁，并对灌浆套筒进行清理。

5.1.2 轴线标高测量

（1）柱子进场验收合格后，在柱子底部往上 1m 处弹出标高控制线。

（2）各层柱子安装分别要测放轴线、边线、安装控制线。

（3）每层柱子安装要在柱子根部的两个方向标记中心线，安装时使其与轴线吻合。

思考与讨论

预制柱吊装准备有哪些相关规定？

5.2 吊装施工

任务引入

　　装配式框架柱的安装方法主要有直接吊装法和储存吊装法两种，本工程采用直接吊装法。

 任务实施

5.2.1 施工顺序

　　框架柱吊装施工工作流程为：放线找平→柱子就位→柱支撑安装→对中调整→预制柱校准定位→柱纵筋套筒灌浆→预制柱上侧节点核心区浇筑前安装柱头钢筋定位板。

5.2.2 吊装施工

1. 放线找平

　　在构件上弹好轴线（中线），即安装定位线、注明方向、轴线号及标高线，柱子应三面弹好轴线。首层柱子除了弹好轴线外，还需三面标注±0.000水平线，弹好预埋件十字中心线。构件连接锚固的结构部分施工完毕，放好楼层柱网轴位线及标高控制线，抹好上下柱子接头部位的叠合层，预埋盒找平定位钢板并校准其标高。

2. 柱子就位

　　一般沿纵轴方向往前推进，逐层分段流水施工。清理柱子安装部位的杂物，将松散的混凝土及高出定位预埋钢板的粘结物清除干净，检查柱子轴线及定位板的位置、标高和锚固是否符合设计要求。对预吊柱子伸出的上下主筋进行检查，按设计长度将超出部分割掉，确保定位小柱头平稳地落在柱子接头的定位钢板上。柱子吊点位置与吊点数量由柱子长度、断面形状决定，一般选用正扣绑扎，吊点选在距柱上端600mm处卡好特制柱箍。在柱箍下方锁好卡环钢丝绳，吊装机械的勾绳与卡环相钩区用卡环卡住，吊绳应处于吊点正上方。

3. 柱支撑安装

　　（1）固定竖向预制构件斜支撑地脚，采用楼面预埋的方式较好，将预埋件与楼板钢筋网焊接牢固，避免混凝土斜支撑受力将预埋件拔出；如果采用膨胀螺栓固定斜支撑地脚需要楼面混凝土强度达到20MPa以上，而这样通常会影响工期，所以需要提前加以周密安排。

　　（2）如果采用楼面预埋地脚埋件来固定斜支撑的一端要注意预埋位置的准确性，浇筑混凝土时尽量避免将预埋件位置移动，万一发生移动，要及时调整。

　　（3）在竖向预制构件就位前宜先将斜支撑的一端固定在楼板上，待竖向预制构件就位后可马上抬起另一端，与预制构件连接固定，这样可提高效率。

　　（4）待竖向预制构件水平及垂直的尺寸调整好后，须将斜支撑调节螺栓用力锁紧，避免在受到外力后发生松动，导致调好的尺寸发生改变。

（5）在校正预制构件垂直度时，应同时调节两侧支撑、避免预制构件扭转，产生位移。

（6）吊装前应检查斜支撑的拉伸及可调性，避免在施工作业中进行更换，不得使用脱扣或杆件锈蚀的斜支撑。

（7）在斜支撑两端未连接牢固前，吊装预制构件的索具不能脱钩，以免预制构件倾倒或倾斜。

（8）特殊位置的斜支撑（支撑长度调整后与其他多数支撑长度不一致）宜做好标记，转至上一层使用时可直接就位，从而节约调整时间。

4. 对中调整

（1）预制柱在吊装时应严格按起吊点起吊，起吊时吊索应等长，严禁偏心起吊，在吊装过程中禁止柱出现大幅度晃动。用起重机缓缓将柱吊起。待柱的底边升至距地面30cm时略作停顿，再次检查吊挂是否牢固，若有问题必须立即处理。确认无误后，继续提升使之慢慢靠近安装作业面。

（2）在距作业层上方60cm左右略作停顿，施工人员可以用手扶柱，控制柱下落方向，待到距预埋钢筋顶部2cm处，柱两侧挂线坠对准地面上的控制线，柱底部套筒位置与地面预埋钢筋位置对准后，利用镜子观察预留插筋与柱内套筒位置，调整柱至预留插筋与预留套筒逐根对应，全部准确插入套筒后，柱缓慢下降，由安装人员根据辅助定位线轻推柱初步定位，将柱缓缓下降，使之平稳就位。

（3）调节就位：

1）安装时由专人负责柱下口定位、对线，调整垂直度。安装第一层柱时，应特别注意质量，使之成为以上各层的基准。

2）柱临时固定：采用可调斜支撑将柱进行固定，柱相邻两个面的支撑通常各设1道，如果柱较宽可根据实际情况在宽面上采用两道。长支撑的支撑点距离柱底的距离不宜大于柱高的2/3，且不应小于柱高的1/2。

3）柱安装精调采用斜支撑上的可调螺杆进行调节。垂直方向、水平方向均要校正达到规范规定及设计要求。

调节器的使用方法：将调节器钩在主筋上，利用扳手紧固螺栓来调整调节板的位置，从而支顶柱直到精确就位为止。

5. 预制柱校准定位

（1）在轴线上架设经纬仪，并控制经纬仪与预制柱的距离。保证经纬仪视线面与观测面相互垂直，以防止因测点偏差而产生测量偏差，尽量避免因遮挡而影响观测。

（2）吊装顺序应安排合理，首先吊装施工困难的预制柱，再吊装施工容易的预制柱。

（3）架设两台经纬仪来校准预制柱边缘与定位控制线位置，并通过在柱下方放置钢垫片的方式来调整柱垂直度。

（4）将斜撑杆与预制柱稳固连接（斜撑应相互垂直），剪力墙板吊装完之后应全部复核检查其标高轴线，应用经纬仪、卷尺检查、复核构件安装标高、轴线位置。

5.2.3 质量验收

（1）主控项目：预制柱垂直度偏差不应大于柱高度的1/500且构件顶部偏移不大于

5mm。柱连接应全数检查，灌浆应饱满密实，满足相关装配式混凝土结构施工质量验收标准的要求。后浇混凝土外观质量不应有严重缺陷，不应有影响结构性能的尺寸偏差，检查数量和检验方法按《混凝土结构工程施工质量验收规范》GB 50204—2015 的相关规定。

（2）一般项目：预制柱安装的尺寸偏差应符合相关装配式混凝土结构施工质量验收标准的规定，应抽查柱数量的 10%，且不少于 3 件。后浇混凝土外观质量不应有一般缺陷，后浇混凝土拆模后的位置和尺寸偏差应符合《混凝土结构工程施工质量验收规范》GB 50204—2015 的相关规定。

❗ 思考与练习

一、单选题

1. 预制柱生产过程中，一般选用的纵向受力钢筋直径不宜小于（　　）。

A. 10mm　　　　B. 15mm　　　　C. 20mm　　　　D. 25mm

2. 柱宜伸出屋面并将柱纵向受力钢筋锚固在伸出段内，伸出段长度不宜小于（　　）。

A. 200mm　　　B. 300mm　　　C. 400mm　　　D. 500mm

3. 预制柱的竖向受力钢筋采用套筒连接时，套筒上端第一个箍筋距离套筒顶部不应大于（　　）。

A. 25mm　　　　B. 50mm　　　　C. 100mm　　　　D. 200mm

4. 预制柱底部需要进行灌浆接缝，其接缝厚度宜为（　　）。

A. 20mm　　　　B. 25mm　　　　C. 30mm　　　　D. 40mm

5. 预制柱的临时支撑应该在套筒内的灌浆材料的强度达到设计要求时，方可拆除，设计没有具体要求时，灌浆料的强度应该达到设计强度的（　　）以上时，方可拆除。

A. 50%　　　　B. 75%　　　　C. 80%　　　　D. 100%

6. 塔式起重机将预制柱吊装就位后，立即加设不少于（　　）的斜支撑，对预制柱进行临时固定。

A. 1 根　　　　B. 2 根　　　　C. 3 根　　　　D. 4 根

7. 用起重机缓缓将预制柱吊起时，应该等柱的底边升至距地面（　　）时略作停顿。

A. 10cm　　　　B. 20cm　　　　C. 30cm　　　　D. 40cm

8. 柱子进场验收合格后，一般情况下需要在柱子底部往上（　　）处弹出标高控制线。

A. 500mm　　　B. 1000mm　　　C. 1500mm　　　D. 2000mm

9. 某一预制柱柱高为 3m，采用临时支撑固定时，其支撑点的位置选取可以为离柱底面（　　）mm。

A. 500　　　　B. 1000　　　　C. 1800　　　　D. 2400

10. 某施工现场安装完一批预制柱，共 20 根，现需要对该批预制柱进行安装质量抽查，需要从中随机抽取数量为（　　）。

A. 2 根　　　　B. 3 根　　　　C. 4 根　　　　D. 5 根

二、多选题

1. 预制柱的起吊应该做到（　　）。

A. 快起　　　　　B. 慢起　　　　　C. 快升　　　　　D. 慢升

E. 缓降

2. 预制柱安装前应该进行三级安全交底，所有参加交底的人员必须履行签字手续，（　　）三方各留执一份。

A. 施工单位负责人　　　　　　　　B. 项目经理

C. 生产班组　　　　　　　　　　　D. 监理人员

E. 现场专职安全管理人员

3. 预制柱安装前应该重点检查（　　）。

A. 预制柱轴线　　　　　　　　　　B. 预制柱标高

C. 预制柱数量　　　　　　　　　　D. 预制柱外观质量

E. 连接钢筋的数量、规格和位置

三、判断题

1. 安全技术交底工作完毕后，只需要参加交底的领导履行签字手续。　　　（　　）

2. 预制柱后浇节点区混凝土上表面应尽可能光滑。　　　　　　　　　　　（　　）

3. 柱外侧纵向受力钢筋也可与梁上部纵向受力钢筋在后浇节点区搭接。　　（　　）

4. 预制柱吊装前，由总监理工程师编制该分项工程的专项施工方案。　　　（　　）

5. 后浇混凝土外观质量不应有一般缺陷、后浇混凝土拆模后的位置和尺寸偏差应符合《混凝土结构工程施工质量验收规范》GB 50204—2015 的规定。　　　　　　　（　　）

四、案例题

某一装配式建筑施工现场进入一批预制柱，共50根，柱子高度3m，施工单位组织相关人员进行入场验收，发现预制柱存放的场地不平整，各层上下垫木相互错开，质检员随机抽取了3根预制柱进行外观和力学性能检验，认为检核结果合格，于是对预制柱加以验收。施工人员未经项目技术负责人交底就直接进入吊装环节，安装完后对柱子进行垂直度检测，偏差有8mm，监理人员认为安装合格并通过验收。请指出以上不妥的地方，并说明原因。

任务6

Chapter 06

叠合梁吊装施工

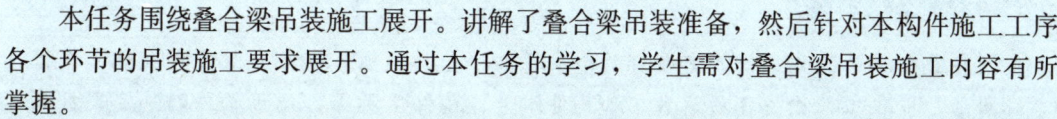

学习目标

本任务围绕叠合梁吊装施工展开。讲解了叠合梁吊装准备，然后针对本构件施工工序各个环节的吊装施工要求展开。通过本任务的学习，学生需对叠合梁吊装施工内容有所掌握。

能力目标

通过本任务的学习，能制定叠合梁吊装施工方案并进行技术指导。

思政目标

培养学生在不同构件吊装时精细化施工的专业精神，技术技能人才的创新精神，要求学生养成新时代土木工程师勇于挑战的品质。

任务导入

本工程为某安置小区及教师限价房建设工程，其中4号楼叠合梁共216根，本项目主要任务是根据施工图完成叠合梁的吊装。

任务分解：

（1）吊装准备；

（2）吊装施工。

思维导图

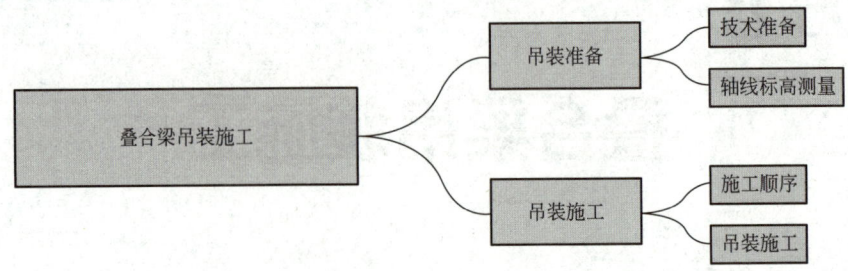

6.1 吊装准备

在叠合梁吊装施工前，需做好两个准备，一是熟悉项目概况，对叠合梁施工图进行阅读，提取工程相关各项参数，如构件编号、构件名称等，便于构件的选定，提高吊装速度；二是熟悉施工组织设计，掌握施工工艺流程，合理安排吊装。

任务实施

6.1.1 技术准备

1. 工艺图纸准备

开工前联系设计院将各类施工图归类到工艺图上，做到生产、施工有理可依、有据可循。

2. 方案计划准备

（1）叠合梁安装施工前应编制专项施工方案，并经施工总承包企业技术负责人及总监理工程师批准。

（2）叠合梁安装施工前应对施工人员进行技术交底，并由交底人和被交底人双方签字确认。

（3）叠合梁安装施工前，应编制合理可行的施工计划，明确叠合梁吊装的时间节点。

3. 材料准备

（1）叠合梁进场后，检查预制叠合梁的规格、型号、外观质量等均应符合设计和相关标准要求，叠合梁应有出厂合格证。

（2）接缝防漏浆材料采用专用 PE 棒。

（3）对于出现破损的叠合走道板修补材料采用掺 108 胶的水泥砂浆。

4. 工具和设备准备

（1）吊装机具：钢丝绳、卡环、螺栓、平衡钢梁、自动扳手、起重设备、千斤顶等。

（2）安装施工机具：经纬仪、水准仪、激光扫平仪、吊线锤、绳索、钢管等。

1）平衡钢梁：在叠合梁起吊、安装过程中平衡叠合梁受力，平衡钢梁由 20 号槽钢和

15～20mm 厚钢板加工而成（图 6-1）。

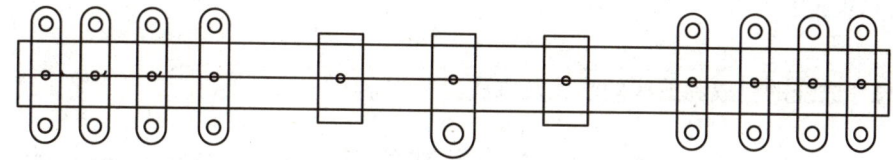

图 6-1 平衡钢梁

2）卡环：连接叠合梁施工机具和钢丝绳，便于悬挂钢丝绳。

5. 作业条件准备

（1）施工道路：预制构件施工现场道路作硬化或铺设钢板处理，以满足施工道路地基承载力要求。

（2）堆放场地：考虑施工道路的运输流线、转弯半径等因素，合理规划预制叠合梁起吊区堆放场地位置，满足吊装施工现场车通路通。

（3）叠合梁吊装顺序确定：根据叠合梁吊装索引图，确定合理的叠合梁吊装起点和吊装顺序。

（4）安装区作业面：叠合梁安装前，应确认叠合梁安装工作面，以满足叠合梁安装要求。

（5）测量放线定位：叠合梁吊装前，按设计要求，根据楼层已弹好的平面控制线和标高线，确定预制叠合梁安装位置线及标高线，并复核。

（6）叠合梁进场检查：叠合梁进场后，检查叠合梁规格、型号、外观质量等，应符合设计要求，并做好叠合梁进场检查记录。

（7）叠合梁编码：根据叠合梁吊装索引图，在叠合梁上标明各个叠合梁所属的吊装区域和吊装顺序编号，以便于吊装工人确认。

6. 交底

（1）按照三级技术交底程序要求，逐级进行技术交底，特别是对不同技术工种的针对性交底。

（2）重视设计交底工作，每次设计交底前，由项目技术负责人具体召集各相关岗位人员汇总、讨论图纸问题，设计交底时，切实解决疑难问题和有效落实现场碰到的图纸施工矛盾。

（3）切实加强与建设单位、设计单位、预制构件加工制作单位的沟通与信息联系。

7. PC 准备

预制构件运至现场后，由项目专职质量员检查预制构件是否符合要求，构件直接堆放时必须在构件下设置垫木。

6.1.2 轴线标高测量

1. 中心线

梁进场验收合格后，在梁的端部或底部弹出中心线。

2. 梁边线

在校正加固完的墙板或柱子上标出梁底标高、梁边线，或在地面上测放梁的投影线。

思考与讨论

请思考放线的组成和放线的步骤及方法。

6.2 吊装施工

任务引入

装配式叠合梁的安装方法主要有直接吊装法和储存吊装法两种，本工程采用直接吊装法。

任务实施

6.2.1 施工顺序

叠合梁吊装施工工作流程为：支撑体系搭设→叠合梁吊具及辅助施工机具安装→叠合梁吊运及就位→叠合梁安装及校正→叠合梁节点连接→叠合梁面层钢筋绑扎及验收→叠合梁节点及面层混凝土浇筑→叠合梁支撑体系拆除→成品保护。

5. 叠合梁吊装

6.2.2 吊装施工

1. 支撑体系搭设

叠合梁支撑体系采用可调钢支撑搭设，并在可调钢支撑上铺设工字钢，根据叠合梁的标高线，调节钢支撑顶端高度，以满足叠合梁施工要求，钢支撑体系搭设时，钢支撑距离叠合梁支座处应≤500mm，钢支撑沿叠合梁长度方向间距应＜2000mm，对跨度＞4000mm的叠合梁，梁中部钢支撑架起拱，起拱高度不大于板跨的3‰。叠合梁支撑体系如图6-2所示。

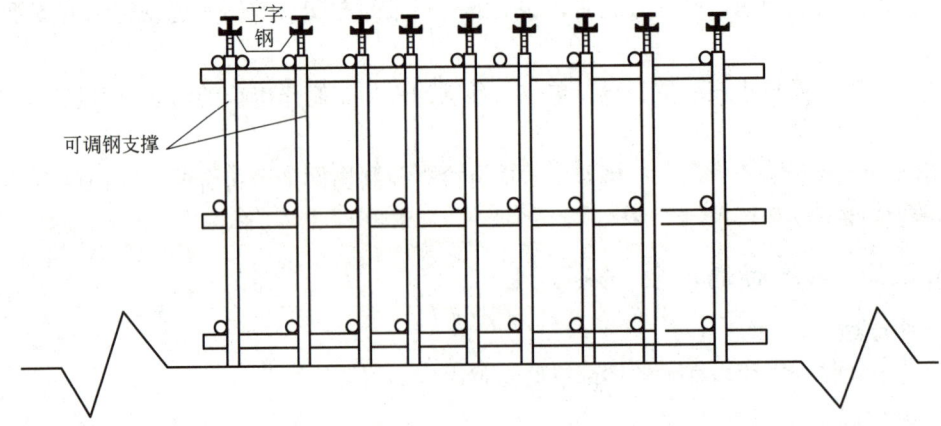

图6-2 叠合梁支撑体系

2. 叠合梁吊具及辅助施工机具安装

（1）叠合梁吊具安装（图 6-3）。

塔式起重机挂钩挂住 1 号钢丝绳→钢丝绳通过卡环连接平衡钢梁→平衡钢梁通过卡环连接 2 号钢丝绳→2 号钢丝绳通过卡环连接叠合梁预埋拉环→拉环通过预埋与叠合梁连接。

（2）叠合梁在预制过程中在其顶面两端各设置一根安全维护插筋，利用安全维护插筋固定钢管，通过钢管间的安全固定绳固定施工人员佩戴的安全索，插筋的直径应与同方向受力钢筋直径一致。

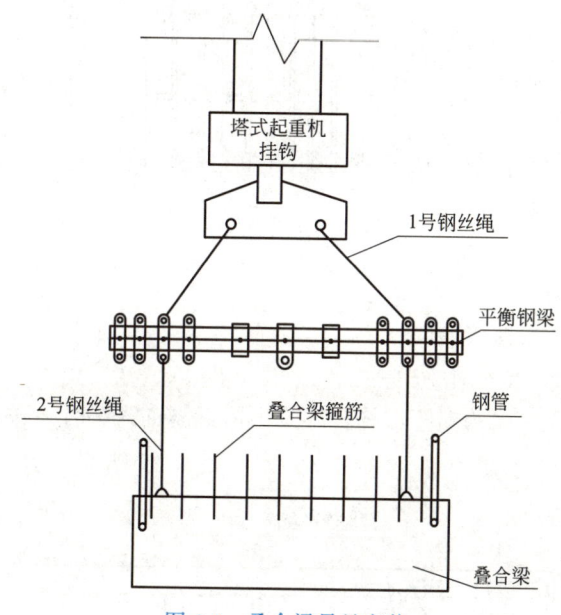

图 6-3 叠合梁吊具安装

3. 叠合梁吊运及就位

（1）叠合梁吊点采用预留拉环方式，起吊钢丝绳与叠合梁水平面所成夹角不宜小于 45°。

（2）叠合梁吊运宜采用慢起、快升、缓放的操作方式。叠合梁起吊区配置一名信号工和两名司索工，叠合梁起吊时，司索工将叠合梁与存放架的安全固定装置拆除，塔式起重机司机在信号工指挥下，将塔式起重机缓缓持力，将叠合梁吊离存放架。

（3）叠合梁就位：叠合梁就位前，清理叠合梁安装部位基层，在信号工指挥下，将叠合梁吊运至安装部位的正上方，并核对叠合梁的编号。

4. 叠合梁的安装及校正

（1）叠合梁安装

当叠合梁安装就位后，塔式起重机在信号工的指挥下，将叠合梁缓缓下落至设计安装部位，叠合梁支座搁置长度应满足设计要求，叠合梁预留钢筋锚入剪力墙、柱的长度应符合规范要求。

（2）叠合梁校正（图 6-4）

1）叠合梁标高校正：吊装工根据叠合梁标高控制线，调节支撑体系顶托，对叠合梁标高校正。

2）叠合梁轴线位置校正：吊装工根据叠合梁轴线位置控制线，利用楔形小木块嵌入叠合梁对叠合梁轴线位置调整。

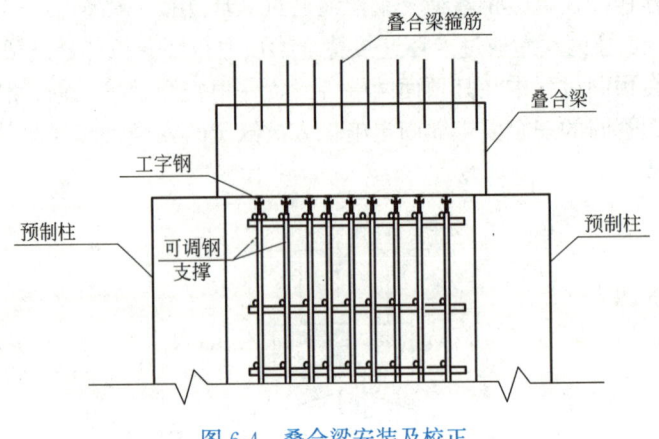

图 6-4　叠合梁安装及校正

5. 叠合梁节点连接

（1）叠合主次梁节点连接

1）叠合主次梁边节点（图 6-5）

叠合主次梁作为叠合次梁的支座，叠合次梁预留钢筋锚入叠合主梁，锚入钢筋长度应符合设计规范要求。

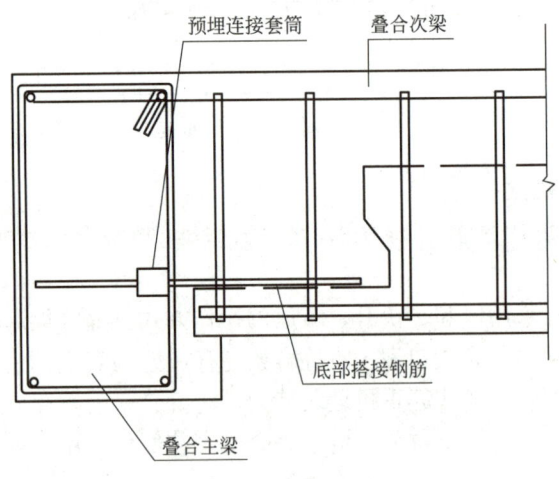

图 6-5　叠合主次梁边节点

2）叠合主次梁中节点（图 6-6）

叠合主次梁作为叠合次梁的支座，叠合次梁分别搁置在叠合主梁上，搁置长度应符合设计规范要求，在叠合次梁键槽处底部采用搭接钢筋连接叠合次梁底筋，面筋采用贯通钢筋连接叠合主次梁。

（2）叠合梁与预制剪力墙、柱节点（图 6-7）

1）叠合梁与预制剪力墙、柱端部节点

预制剪力墙、柱作为叠合梁的支座，叠合梁搁置在预制剪力墙、柱上，叠合梁纵向受

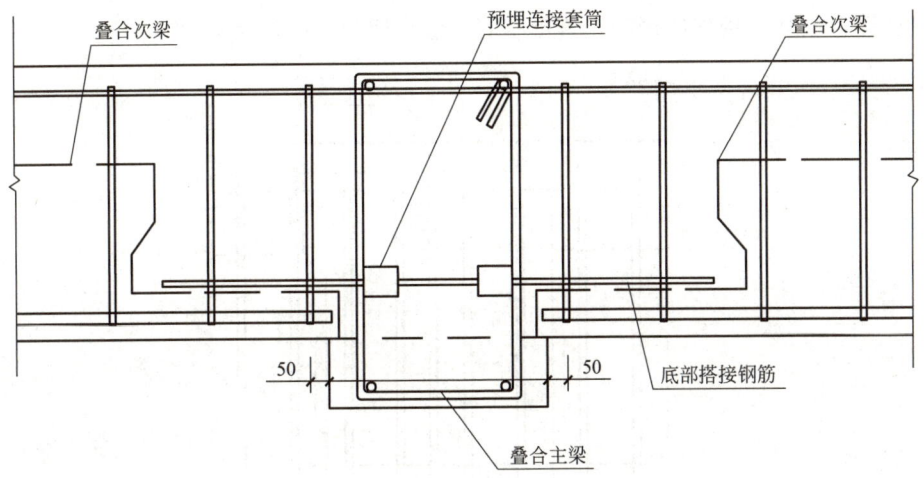

图 6-6 叠合梁中节点

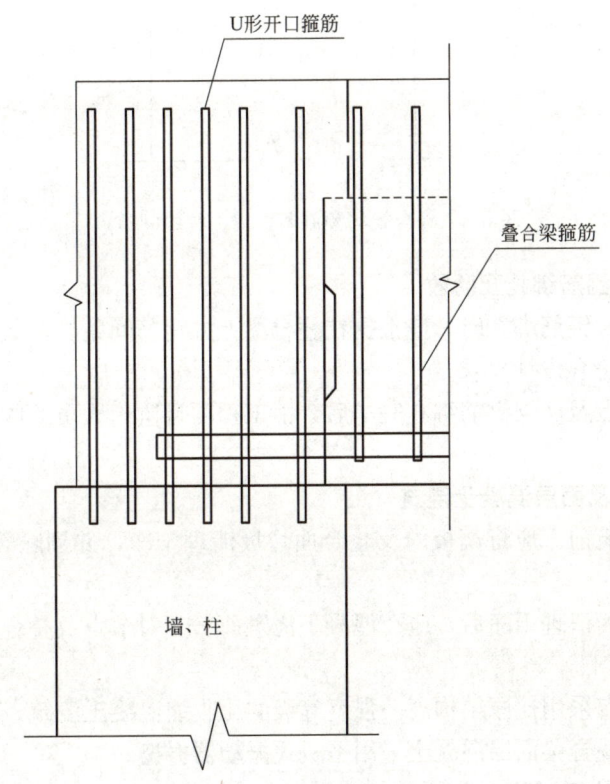

图 6-7 叠合梁与预制剪力墙、柱节点

力钢筋在预制剪力墙、柱端节点处采用机械直锚，搁置长度、锚固长度均应符合设计规范要求。

2）叠合梁与预制剪力墙、柱中间节点（图 6-8）

预制剪力墙、柱作为叠合梁的支座，预制剪力墙、柱两端的叠合梁分别搁置在预制剪

99

力墙、柱上，搁置长度应符合设计规范要求，叠合梁纵向受力底筋在中间节点宜贯通或采用对接连接，面筋采用贯通钢筋连接预制剪力墙、柱两端的叠合梁面层。

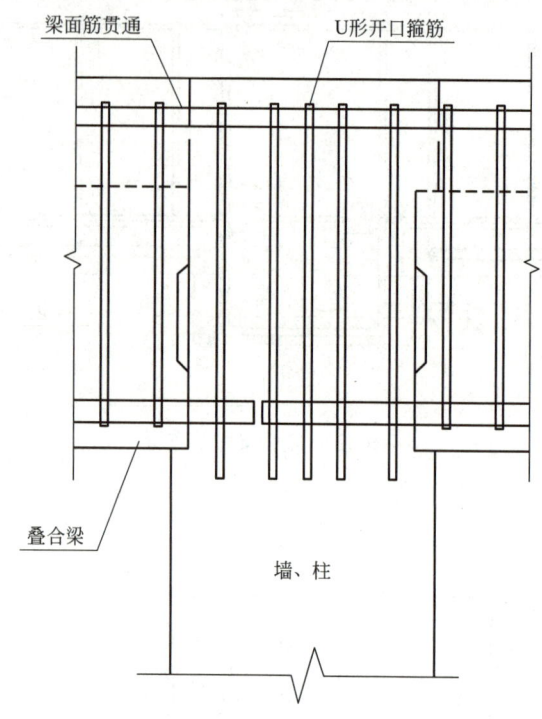

图 6-8　叠合梁与预制剪力墙、柱中间节点

6. 叠合梁面层钢筋绑扎及验收

（1）叠合梁面层钢筋绑扎时，应根据在叠合梁上方钢筋间距控制线进行钢筋绑扎，保证钢筋搭接和间距符合设计要求。

（2）叠合梁节点及面层钢筋绑扎完毕后，由工程项目监理人员验收合格后，方可进行混凝土浇筑。

7. 叠合梁节点及面层混凝土浇筑

（1）混凝土浇筑前，应将模板内及叠合面垃圾清理干净，并剔除叠合面松动的石子、浮浆。

（2）叠合梁表面清理干净后，应在混凝土浇筑前 24h 对节点及叠合面浇水湿润，浇筑前 1h 吸干积水。

（3）叠合梁节点采用比原结构高一强度等级的无收缩混凝土浇筑，节点混凝土采用插入式振捣棒振捣，叠合梁面层混凝土采用平板式振动器振捣。

8. 叠合梁支撑体系拆除

叠合梁浇筑的混凝土达到设计强度后，方可拆除叠合梁支撑体系。

9. 成品保护

（1）叠合梁进场后堆放不得超过三层。

（2）叠合梁吊装施工之前，应采用橡塑材料保护叠合走道板成品阳角。

（3）叠合梁在起吊过程中应采用慢起、快升、缓放的操作方式，防止叠合梁在吊装过程与建筑物碰撞造成缺棱掉角。

（4）叠合梁在施工吊装时不得踩踏板上钢筋，避免其偏位。

思考与练习

一、单选题

1. 对于出现破损的叠合走道板修补材料采用掺（　　）的水泥砂浆。

A. 106 胶　　　　　B. 108 胶　　　　　C. 105 胶　　　　　D. 109 胶

2. 叠合梁的叠放高度以（　　）为准。

A. 3 层　　　　　　B. 6 层　　　　　　C. 8 层　　　　　　D. 10 层

3. 叠合梁进入现场临时堆放，其堆放的地面必须夯实，硬化厚度应大于（　　）。

A. 100mm　　　　　B. 150mm　　　　　C. 200mm　　　　　D. 500mm

4. 叠合梁吊点采用预留拉环方式，起吊钢丝绳与叠合梁水平面所成夹角不宜小于
（　　）。

A. 45°　　　　　　B. 60°　　　　　　C. 75°　　　　　　D. 90°

5. 叠合梁表面清理干净后，应在混凝土浇筑前（　　）对节点及叠合面浇水湿润，
方能进行下一步施工。

A. 6h　　　　　　　B. 12h　　　　　　C. 18h　　　　　　D. 24h

6. 某一叠合梁制作时采用 C30 混凝土浇筑，则施工时梁节点区域应采用（　　）无
收缩混凝土浇筑。

A. C30　　　　　　B. C35　　　　　　C. C40　　　　　　D. C45

7. 叠合梁节点及面层钢筋绑扎完毕后，由工程项目的（　　）验收，方可进行混凝
土浇筑。

A. 施工人员　　　　B. 监理人员　　　　C. 项目技术负责人　D. 项目经理

8. 某一叠合梁计算跨度为 6m，则梁中部钢支撑架起拱的高度可以为（　　）。

A. 15mm　　　　　B. 20mm　　　　　C. 25mm　　　　　D. 30mm

9. 接缝防漏浆材料应采用专用（　　）。

A. 塑料棒　　　　　B. 橡胶棒　　　　　C. PE 棒　　　　　D. 玻璃棒

10. 预制叠合梁吊装前在（　　）上进行定位放线。

A. 侧面　　　　　　B. 底面　　　　　　C. 楼板　　　　　　D. 预制框架柱

二、多选题

1. 对叠合梁进行平整度检测时需要用到（　　）。

A. 2m 靠尺　　　　B. 钢尺　　　　　　C. 塞尺　　　　　　D. 水平仪

E. 经纬仪

2. 选择叠合梁底支撑类型时，应考虑叠合梁（　　）等因素，现场施工应严格按照
施工图纸进行，以提高施工效率、避免事故发生。

A. 尺寸　　　　　　B. 搭设位置　　　　C. 搭设高度　　　　D. 搭设平整度

E. 以上都不是

3. 关于叠合梁施工要点，说法正确的有（　　）。

A. 混凝土浇筑前，应将模板内及叠合面垃圾清理干净

B. 节点区域混凝土采用平板式振动器振捣

C. 叠合梁浇筑的混凝土达到设计强度后，方可拆除叠合梁支撑体系

D. 叠合梁在施工吊装时不得踩踏板上钢筋，避免其偏位

E. 叠合梁吊装施工后，应采用橡塑材料保护叠合走道板成品阳角

三、判断题

1. 叠合梁施工时先吊装主梁后吊装次梁，吊装次梁前必须将主梁校正好。 （　　）

2. 叠合梁节点及面层钢筋绑扎完毕后立即进行混凝土浇筑。 （　　）

3. 叠合梁纵向受力钢筋在预制剪力墙、柱端节点处采用机械直锚，搁置长度、锚固长均应符合设计规范要求。 （　　）

4. 叠合梁是竖向受力构件，安装时无需考虑弯矩对支撑体系的影响。 （　　）

5. 叠合梁的吊装过程由司索工进行协调指挥。 （　　）

Chapter 07

任务 **1**

叠合板吊装施工

学习目标

本任务围绕叠合板吊装施工展开。讲解了叠合板吊装准备，然后针对本构件施工工序各个环节的吊装施工要求展开。通过本任务的学习，学生需对叠合板吊装施工内容有所掌握。

能力目标

通过本任务的学习，能制定叠合板吊装施工方案并进行技术指导。

思政目标

培养学生科学人生观、价值观，职业认同感和责任感，遵纪守法，诚信的品质，树立质量、安全意识，创新创业意识。

任务导入

本工程为某安置小区及教师限价房建设工程，其中 4 号楼叠合板共 440 块，本项目主要任务是根据施工图完成叠合板的吊装。

任务分解：

(1) 吊装准备；

(2) 吊装施工。

思维导图

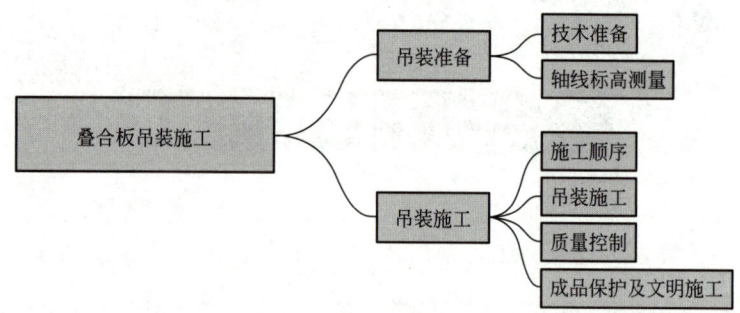

7.1 吊装准备

任务引入

在叠合板吊装施工前，需做好两个准备，一是熟悉项目概况，对叠合板施工图进行阅读，提取工程相关各项参数，如构件编号、构件名称等，便于构件的选定，提高吊装速度；二是熟悉施工组织设计，掌握施工工艺流程，合理安排吊装。

任务实施

7.1.1 技术准备

1. 工艺图纸准备

开工前联系设计院将各类施工图归类到工艺图上，做到生产、施工有理可依、有据可循。

2. 技能准备

1）学习图集及转化图纸，了解设计意图，并做好图纸会审。

2）确定预制构件吊装次序，并按照次序对各编号构件进行存放。

3）制定构件出场方案。如叠合板为甲方供材，依据施工进度方案，向建设单位提供分段供材方案。

4）确定吊装所需塔式起重机。考虑塔式起重机利用频繁，尽可能平常在每栋楼摆设一台塔式起重机；根据单块叠合板构件（包括楼梯）重量、吊臂长度、塔身间距进行选型；塔式起重机定位必须同时考虑钢筋制作工厂、运输车卸货点、楼栋安装平面以及吊运重量等。

5）确定吊装所需吊具。按照吊具供给厂家提供的专用吊具进行吊装，供给厂家同时提供相应的吊具安全验算资料，吊装时正确摆设吊点及位置，确保各吊点受力均匀；吊索与构件所成夹角不宜大于 $60°$，不应小于 $45°$。

6）确定支撑体系方法。可采用钢管＋顶托＋方钢管龙骨支撑方法。

7）编写施工专项方案并报审。对塔式起重机司机、信号工、钢筋工、木工、混凝土工等进行专项安全技能交底。

 **提示**

预制构件编号不同的公司有不同的标法，除本工程的标注方法外，还存在按照构件名称、轴线方向两个因素进行命名的方法，例如：

LB14　1.35t 表示：叠合楼板，"14"是叠合楼板吊装顺序，构件重量 1.35t。

KB01　0.22t 表示：叠合空调板，"01"是叠合空调板吊装顺序，构件重量 0.22t。

YB04　0.78t 表示：叠合阳台板，"04"是叠合阳台板吊装顺序，构件重量 0.78t。

3. 材料准备

（1）叠合板：叠合板进场后，检查预制叠合板的规格、型号、外观质量等，均应符合设计和相关标准要求，叠合板应有出厂合格证。

（2）钢筋的规格、形状应符合图纸要求，应有钢材出厂合格证。

（3）构件应按吊装顺序依次堆放，先吊装的构件应堆放在上层。堆放位置应尽可能在安装起重机械回转半径范围内，并考虑到吊装方向，避免吊装时转向和再次搬运。

（4）构件的堆放高度，应考虑堆放处地面的承压力和构件的总重量以及构件的刚度及稳定性的要求。水平运输时，板类构件叠放不宜超过 6 层。

4. 工具和设备准备

水准仪、塔尺、水平尺、冲击钻、橡胶垫、钢丝绳、斜支撑、吊钩、铁锤、撬棍、扳手、锚固螺栓等。

5. 作业条件准备

（1）施工道路：预制构件施工现场道路作硬化或铺设钢板处理，以满足施工道路地基承载力要求。

（2）堆放场地：考虑施工道路的运输流线、转弯半径等因素，合理规划预制叠合板起吊区堆放场地位置，满足吊装施工现场车通路通。

（3）叠合板吊装顺序确定：根据叠合板吊装索引图，确定合理的叠合板吊装起点和吊装顺序。

（4）安装区作业面：叠合板安装前，应确认叠合板安装工作面，以满足叠合板安装要求。

（5）测量放线定位：叠合板吊装前，按设计要求，根据楼层已弹好的平面控制线和标高线，确定预制叠合板安装位置线及标高线，并复核。

（6）叠合板进场检查：叠合板进场后，检查叠合板规格、型号、外观质量等，应符合设计要求，并做好叠合板进场检查记录。

（7）叠合板编码：根据叠合板吊装索引图，在叠合板上标明各个叠合板所属的吊装区域和吊装顺序编号，以便于吊装工人确认。

6. 交底

（1）项目部根据审批后的施工方案向作业班组进行详细的书面交底，交底人和被交底人均要签字确认。

（2）班组长在接受交底后，应组织全班组成员认真学习与讨论，明确工艺流程、施工操作要点、工序交接要求、质量要求、成品保护方法、质量通病预防方法及安全注意事项。

7. PC准备

（1）构件运送到施工现场及验收合格后，应尽量避免堆放，随即吊运到安装的位置。如要堆放，应堆放在起吊设备的覆盖范围内，避免二次搬运。堆放时应按吊装顺序、规格、品种、所用楼号等分区配套堆放，且应布置在塔式起重机有效范围内，不同构件堆放之间宜设宽度为 0.8~1.2m 的通道，并有良好的排水措施。

（2）叠合板堆放时，堆放场地应平整压实。应将板底向下平放，不得倒置。垫木放置桁架侧边，在距板端200mm 处及跨中位置，当板跨度≤3.6m 时跨中垫一条垫木，当板跨度大于 3.6m 时跨中设两条垫木，垫木必须上下对齐、垫实，不得有一角脱空现象，不同板号分别堆放，每垛堆放层数不宜超过 6 层。

7.1.2　轴线标高测量

1. 水平控制

安装前先弹好叠合板水平控制线，注意核对水暖、消防预留洞的位置，沿着管、洞中心做十字交叉线，在叠合板的边缘和安装墙梁的上端都做好标记，作为叠合板安装的水平定位点之一。

2. 标高设置

在混凝土墙上打好标高控制线（结构＋500mm 水平线），给定预制板底部的标高。

思考与讨论

叠合板的吊具准备有哪些内容？

7.2　吊装施工

任务引入

装配式叠合板的安装方法主要有直接吊装法和储存吊装法两种，本工程采用直接吊装法。

任务实施

7.2.1　施工顺序

叠合板吊装施工工艺流程为：检查支座及板缝硬架支模上的平面标高→现浇框架梁支模→叠合板临时支撑体系安装→底板起重吊装→梁与预制板连接→梁、附加钢筋及楼板下层钢筋安装→水电管线敷设、连接→楼板上层钢筋安装→叠合板底部拼缝处理→检查验收→楼板浇筑混凝土。

6. 叠合板吊装

7.2.2　吊装施工

1. 检查支座及板缝硬架支模上的平面标高

用测量仪器从两个不同的观测点上测量墙、梁及硬架支模的水平楞的顶面标高。复核墙板的轴线，并校正。

2. 叠合板临时支撑体系安装

底板就位前应在跨中及紧贴支座部位均设置由立柱和横撑等组成的临时支撑。当轴跨 $L \leqslant 4.8$m 时跨中设置一道支撑；当轴跨 4.8m$<L \leqslant 6.0$m 时跨中设置两道支撑。支撑顶面应严格抄平，以保证底板底面平整。多层建筑中各层支撑应设置在一条竖直线上，以免板受上层立柱的冲切。

临时支撑拆除应根据施工规范规定，一般保持连续两层有支撑。施工均布荷载不应大于 1.5kN/m^2，荷载不均匀时单板范围内折算均布荷载不宜大于 1kN/m^2，否则应采取加强措施。施工中应防止构件受到冲击作用（以上施工均布荷载不包括均匀分布的叠合层混凝土自重）。

临时支撑要求如下：

（1）立杆应尽量不用接头，如有接头，应相互错开。

（2）支撑下部应有扫地杆，扫地杆距楼地面 $\leqslant 200$mm，并拉通；水平杆步距 1500mm。

（3）立杆顶端采用可调顶撑，以方便调节支撑标高。

（4）整个支撑体系应稳定、牢固。

3. 底板起重吊装

按深化图纸，起重机械 4 个及以上吊装点吊装，底板吊装时应慢起慢落，并防止与其他物体相撞。吊索与构件水平夹角不宜大于 $60°$，不应小于 $45°$。

控制线：在模板顶面上划出标高控制线。

支模：搭设叠合板支撑及现浇带模板。

起吊：注意起吊时的叠合板的水平度，叠合板的吊具很重要，需要有微调的功能。

就位：按照编号在设计位置就位。就位时，先找好叠合板的标高控制线，再缓缓下降吊装就位。

调整：基本就位后再用撬棍微调叠合板，直到位置正确，搁置平稳。安装叠合板时，应特别注意标高正确。

4. 梁与预制板连接

预制板吊装校正后，预制板的预制钢筋伸入梁内，叠合板深入梁（墙）侧模的长度不小于 10mm。并按图纸绑扎板负弯矩钢筋，浇筑叠合层混凝土，使预制层与叠合层形成整体。薄板搁置在现浇梁（板）上，混凝土同时浇筑。现浇梁（板）侧模上口宜贴泡沫胶带，以防止漏浆。应在墙模板边缘粘贴双面胶。叠合板尽可能一次就位，以防止撬动时损坏薄板。板之间拼缝应严密。

5. 水电管线敷设、连接

楼板下层钢筋安装完成后，进行水电管线的敷设与连接工作。为便于施工，叠合板在工厂生产阶段应将相应的线盒及预留洞口等按设计图纸预埋在预制板中。现场安装时也可以后开洞，宜用机械开孔，且不宜切断预应力主筋。

（1）叠合板线盒在预制构件厂进行预埋，构件厂对线盒预埋须精确。

（2）叠合板出厂前，应将线盒内混凝土清理干净，并做好成品保护。禁止在现场进行剔凿。

楼中敷设管线，正穿时采用刚性管线，斜穿时采用柔韧性较好的管材。避免多根管线集束预埋，宜采用直径较小的管线，分散穿孔预埋。施工过程中各方必须做好成品保护工作。

6. 楼板上层钢筋安装

水电管线敷设经检查合格后，钢筋工进行楼板上层钢筋的安装。

楼板上层钢筋设置在格构梁上弦钢筋上并绑扎固定，以防止偏移和混凝土浇筑时上浮。

对已铺设好的钢筋、模板进行保护，禁止在底模上行走或踩踏，禁止随意扳动、切断格构钢筋。

7. 预制楼板底部拼缝处理

在墙板和楼板混凝土浇筑之前，应派专人对预制楼板底部拼缝及其与墙板之间的缝隙进行检查，对一些缝隙过大的部位进行支模封堵处理。

塞缝选用干硬性砂浆并掺入水泥用量5%的防水粉。填缝材料应分两次压实填平，两次施工时间间隔不小于6h；板底批腻子时，在板缝处贴一层10cm宽的纤维网格布等柔性材料。

8. 检查验收

（1）楼板安装施工完毕后，首先由项目部质检人员对楼板各部位施工质量进行全面检查。

（2）项目部质检人员检查完毕并合格后报监理公司，由专业监理工程师进行复检。

9. 楼板混凝土浇筑

监理工程师及建设单位工程师复检合格后，方能进行叠合楼板混凝土浇筑。本工程的叠合楼板混凝土浇筑与柱、框架梁一起浇筑。混凝土浇筑前，清理叠合楼板上的杂物，并向叠合楼板上部洒水，保证叠合楼板表面充分湿润，但不宜有过多的明水。

浇筑叠合层混凝土时，应特别注意用平板式振动器振捣密实，以保证与薄板结合成整体。同时要求布料均匀，布料堆积高度严格按现浇层荷载加施工荷载 $1kN/m^2$ 控制。浇筑后，采用覆盖浇水养护，混凝土成型12h后开始进行养护，养护时间不得少于7昼夜。

7.2.3 质量控制

1. "预制构件"主控项目

（1）进入现场的构件性能应符合设计要求。

检验方法：检查构件出厂质量合格证明文件、型式检验报告、现场抽样检测报告。

检查数量：全数检查。

（2）构件上的预埋件、插筋和预留孔洞的规格、位置和数量应符合设计要求。

检验方法：观察，钢尺量测检查。

检查数量：全数检查。

PC 构件进入现场时，应根据工厂提交的产品检查单检查产品是否合格。

2. "预制构件"一般项目

预制构件外观尺寸允许偏差及检查方法应符合表 7-1 的要求，构件有粗糙面时，与粗糙面相关的尺寸允许偏差可适当放宽。

预制构件外观尺寸允许偏差及检查方法

表 7-1

项目			允许偏差（mm）	检验方法
长度	板、梁、柱、桁架	＜12m	±5	钢尺量测
		≥12m 且＜18m	±10	
		≥18m	±20	
	墙板		±4	
宽度、高（厚）度	板、梁、柱、桁架截面尺寸		±5	钢尺量一端及中部取其中偏差绝对值较大处
表面平整度	梁、板、柱、墙板内表面		5	2m 靠尺和塞尺
侧向弯曲	梁、板、柱		$L/750$ 且＜20	拉线钢尺测量侧向弯曲处
翘曲	板		$L/750$	调平尺在两端量测
对角线	板		10	钢尺量测两个对角线
预埋孔	中心线位置		5	钢尺量测
	尺寸孔		±5	
预留孔洞	中心线位置		5	
	洞口尺寸、深度		±10	
预埋件	预制件锚板件中心线位置		5	
	预埋件锚板件与混凝土平面高差		0，−5	
	预埋螺栓中心线位置		2	
	预埋螺栓外露长度		+10，−5	
	线管、电盒、木砖、吊环与构件表面的中心线位置偏差		20	
预留钢筋	中心线位置		3	
	外露长度		+5，−5	

3. "装配式混凝土结构安装"主控项目

（1）混凝土构件安装施工时，构件的品种、规格和尺寸应符合设计要求，在明显部位应有标明工程名称、生产单位、构件型号、生产日期和质量验收内容的标志。

检查方法：核对图纸，观察检查。

检查数量：全数检查。

（2）叠合构件的叠合层、接头和拼接，当其现浇混凝土或砂浆强度未达到吊装混凝土强度设计要求时，不得吊装上一层结构构件；当设计无具体要求时，混凝土或砂浆强度不得小于 10MPa 或具有足够支承能力方可吊装上一层结构构件；已安装完毕的装配式结构应在混凝土或砂浆强度达到设计要求后，方可承受全部设计荷载。

检验方法：检查同条件养护的混凝土强度试验报告或砂浆强度试验报告。

检查数量：每层做 1 组混凝土试件或砂浆试件。

4."装配式混凝土结构安装"一般项目

预制构件安装尺寸允许偏差及检验方法应符合表 7-2 的规定。

预制构件安装尺寸允许偏差及检验方法　　　　　　　　　表 7-2

项目			允许偏差（mm）	检验方法
构件中心线对轴线位置	基础		15	尺量检查
	竖向构件（柱、墙板、桁架）		10	
	水平构件（梁、板）		5	
构件标高	梁、板底面或顶面		±5	水准仪或尺量检查
	柱、墙板顶面		±2	
构件垂直度	柱、墙板	<5m	5	经纬仪量测
		≥5m 且<10m	10	
		≥10m	20	
构件倾斜度	梁、桁架		5	垂线、尺量检查
相邻构件平整度	板端面		5	钢尺、塞尺量测
	梁、板下表面	抹灰	5	
		不抹灰	3	
	柱、墙板侧表面	外露	5	
		不外露	10	
构件搁置长度	梁、板		±10	尺量检查
支座、支垫中心位置	板、梁、柱、墙板、桁架		±10	尺量检查
接缝宽度			±5	尺量检查

7.2.4 成品保护及文明施工

1. 成品保护

（1）预制楼梯、叠合板的堆放及堆放场地的要求应严格按相关规范规定执行。

（2）预制构件混凝土强度达到 100% 时方可进行吊装。

（3）预制构件上的甩筋（锚固筋）在堆放、运输、吊装过程中要妥善保护，不得反复弯曲和折断。

（4）吊装叠合板，不得采用"兜底"、多块吊运。应按预留吊环位置，采用八个点同步单块起吊的方式。吊运中不得冲撞叠合板。

（5）支模架系统板的临时支撑应在吊装就位前完成。每块板沿长向在板宽取中加设通长木楞作为临时支撑。所有支柱均应在下端铺垫通长脚手板，且脚手板下为基土时，要整平、夯实。

（6）不得在板上任意凿洞，板上如需要打洞，应用机械钻孔，并按设计和图集要求做相应的加固处理。

（7）克服板下挠、板裂：硬架支模和拼缝支撑其上皮标高必须准确，且必须有足够的刚度、强度与稳定，以保证其不下沉、不倾斜。

（8）克服板的支座搁置长度不准，吊装就位时应认真调整。

（9）不合格的板不得吊运，要在吊装前认真检查。尤其是叠合板的人工粗糙面应符合要求，疏松层及浮浆应清除干净，以保证混凝土在叠合面结合良好。

2. 文明施工

文明施工是建筑业和社会的需要。文明施工管理的水准是反映一个现代企业的综合管理水平和竞争能力的重要特征。公司对派驻工程的一切人员进行教育，提高文明素质，提高管理水平，要以崭新的精神面貌展现给社会各方面，把文明施工作为维护企业形象、企业信誉的基本工作。

（1）尽量采用低噪声的施工工艺和方法。

（2）禁止在夜间 9 点至第 2 天早上 6 点进行产生噪声的建筑施工作业。若由于施工不能中断的技术原因和其他特殊情况，确需在该时段连续施工作业的，应向建设行政主管部门和环保部门申请，核准后才能开工。

 思考与练习

一、单选题

1. 预应力叠合板存储应平放，以（　　）层为基准。

A. 4　　　　　　　B. 6　　　　　　　C. 8　　　　　　　D. 10

2. 预制构件混凝土强度达到设计强度（　　）时方可进行吊装。

A. 50%　　　　　　B. 75%　　　　　　C. 80%　　　　　　D. 100%

3. 临时支撑拆除应根据施工规范规定，一般保持连续两层有支撑。施工均布荷载不应大于（　　）。

A. $1.0kN/m^2$　　B. $1.5kN/m^2$　　C. $2.0kN/m^2$　　D. $2.5kN/m^2$

4. 当叠合板的长度大于（　　）m 时，要采用钢梁协助吊装。

A. 2　　　　　　　B. 4　　　　　　　C. 6　　　　　　　D. 8

5. 叠合板下面临时支撑应设有扫地杆，扫地杆距楼地面不大于（　　）。

A. 200mm　　　　　B. 300mm　　　　　C. 400mm　　　　　D. 500mm

6. 预制楼板进行塞缝处理时，宜选用干硬性砂浆并掺入水泥用量（　　）防水粉。

A. 3%　　　　　　　B. 4%　　　　　　　C. 5%　　　　　　　D. 6%

7. 叠合板就位矫正时，采用（　　）。

A. 撬棍调整　　　　B. 索具调整　　　　C. 线垂调整　　　　D. 楔形小木块

8. 预制板吊装校正后，预制板的预制钢筋伸入梁内，叠合板深入梁（墙）侧模的长度不小于（　　）。

A. 10mm　　　　　　B. 20mm　　　　　　C. 25mm　　　　　　D. 30mm

9. 叠合板浇筑后要进行养护，一般养护时间不少于（　　）。

A. 7d　　　　　　B. 14d　　　　　　C. 21d　　　　　　D. 28d

10. 吊装过程中，要保证吊索与构件所成夹角在合理范围内，一般情况下不应小于（　　）。

A. 30°　　　　　B. 45°　　　　　C. 75°　　　　　D. 60°

二、多选题

1. 对叠合梁入场进行检验，重点检验（　　）。

A. 规格　　　　B. 型号　　　　C. 外观质量　　　　D. 重量

E. 颜色

2. 关于预制叠合板吊装施工，说法正确的有（　　）。

A. 临时支撑的立杆接头可采用对接搭接形式

B. 支撑下部应有扫地杆，扫地杆距楼地面小于等于500mm

C. 立杆顶端采用可调顶撑调节支撑标高

D. 注意起吊过程中要保持叠合板的水平度

E. 为便于施工，叠合板在工厂生产阶段应将相应的线盒及预留洞口等按设计图纸预埋在预制板中

3. 关于预制构件验收的外观尺寸的控制，说法正确的有（　　）。

A. 表面平整度偏差应控制在±5mm以内

B. 预留孔洞的中心线位置偏差应控制在±5mm以内

C. 叠合板的宽度和厚度允许偏差在±10mm内

D. 叠合板的对角线偏差在10mm内

E. 预制构件的接缝宽度应控制在±10mm内

三、判断题

1. 预制构件施工时，可以在夜间9点至第2天早上6点进行产生噪声的施工作业。

（　　）

2. 预制叠合板起吊时采用四点起吊方式。　　　　　　　　　　　　　　（　　）

3. 浇筑叠合层混凝土时，应该用插入式振捣器振捣密实，以保证与薄板结合成整体。

（　　）

4. 对叠合板的强度检测时，应该用标准养护的混凝土强度试验报告或砂浆强度试验报告。

（　　）

5. 预制叠合板施工时要对已铺设好的钢筋、模板进行保护，禁止在底模上行走或踩踏。

（　　）

任务 8

Chapter 08

预制楼梯吊装施工

学习目标

本任务围绕预制楼梯吊装施工展开。讲解预制楼梯吊装准备，然后针对本构件施工工序各个环节的吊装施工要求展开。通过本任务的学习，学生需对预制楼梯吊装施工内容有所掌握。

能力目标

通过本任务的学习，能制定预制楼梯吊装施工方案并进行技术指导。

思政元素

培养学生具备诚信、遵纪守法的品质，具备科学严谨的工作态度，树立质量、安全意识，养成从业必需的职业操守。

任务导入

本工程为某安置小区及教师限价房建设工程，其中 4 号楼预制楼梯共 30 块，本项目主要任务是根据施工图完成预制楼梯的吊装。

任务分解：

（1）吊装准备；

（2）吊装施工。

思维导图

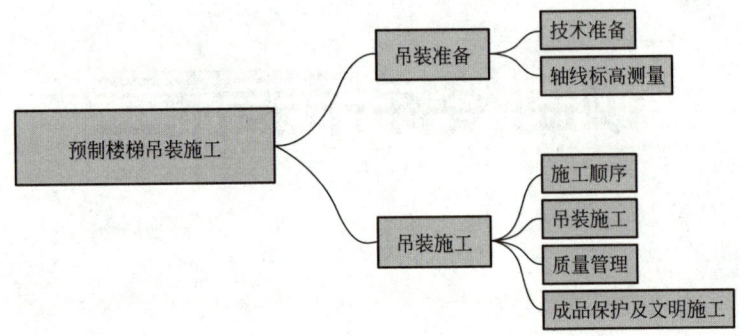

8.1 吊装准备

任务引入

在预制楼梯吊装施工前，需做好两个准备，一是熟悉项目概况，对预制楼梯施工图进行阅读，提取工程相关各项参数，如构件编号、构件名称等，便于构件的选定，提高吊装速度；二是熟悉施工组织设计，掌握施工工艺流程，合理安排吊装。

任务实施

8.1.1 技术准备

1. 工艺图纸准备

开工前联系设计院将各类施工图归类到工艺图上，做到生产、施工有理可依、有据可循。

2. 技能准备

（1）塔式起重机

4号楼楼梯重量为2.63t和2.66t，结合塔式起重机性能吊装时可采用二倍钢丝绳吊装就位。

楼梯段吊装耗时：梯段翻身、钢丝绳套装、起吊、安装就位，每梯段30min，2梯段用时1h。

（2）吊具

楼梯段构件吊装前必须整理吊具（钢丝绳的规格、长度、锁扣、卡环等必须满足吊装要求且有相关的证明文件），并根据构件不同形式和大小安装好吊具。

1）起重扁担（图8-1）

用途：起吊、安装过程平衡构件受力。

主要材料：20号槽钢、15～20mm厚钢板。

图 8-1　起重扁担

2）调节捯链（图 8-2）

用途：起吊过程中调节水平。

图 8-2　调节捯链

（3）进场标记

楼梯段构件进场后，根据构件标号和吊装计划的吊装序号在构件上标出序号，并在图纸上标出序号位置，这样可直观表示出构件位置，便于吊装和指挥操作，减小误吊概率。同时检查梯段的预制时间和质量合格文件，以确认其强度满足规范要求。

（4）测量

吊装前必须在相关楼梯段构件上将各个截面的控制线提前放好，可节省吊装、调整时间并利于质量控制。

（5）支撑

楼梯段构件吊装前下部支撑体系必须完成，吊装前必须测量并修正柱顶标高，确保与梁底标高一致，便于楼梯就位。

3. 材料准备

（1）预制楼梯：预制楼梯进场后，检查预制楼梯的规格、型号、外观质量等，均应符合设计和相关标准要求，预制楼梯应有出厂合格证。

（2）复测梯段的几何尺寸、截面尺寸、预留孔直径以及孔距，以此校核现场预留钢筋的平面间距、梯段斜向间距、休息平台预留接口的尺寸等。确认现浇构件的强度已达设计要求。

4. 工具和设备准备

钢丝绳、卡环、锁扣、水准仪、塔尺、水平尺、冲击钻、橡胶垫、斜支撑、专用吊钩、铁锤、撬棍、扳手、锚固螺栓等。

5. 作业条件准备

（1）施工道路：预制构件施工现场道路作硬化或铺设钢板处理，以满足施工道路地基承载力要求。

（2）堆放场地：考虑施工道路的运输流线、转弯半径等因素，合理规划预制楼梯起吊区堆放场地位置，满足吊装施工现场车通路通。

（3）预制楼梯吊装顺序确定：根据预制楼梯吊装索引图，确定合理的预制楼梯吊装起点和吊装顺序。

（4）安装区作业面：预制楼梯安装前，应确认预制楼梯安装工作面，以满足预制楼梯安装要求。

（5）测量放线定位：预制楼梯吊装前，按设计要求，根据楼层已弹好的平面控制线和标高线，确定预制楼梯安装位置线及标高线，并复核。

（6）预制楼梯进场检查：预制楼梯进场后，检查预制楼梯规格、型号、外观质量等，应符合设计要求，并做好预制楼梯进场检查记录。

（7）预制楼梯编码：根据预制楼梯吊装索引图，在预制楼梯上标明各个预制楼梯所属的吊装区域和吊装顺序编号，以便于吊装工人确认。

6. 交底

吊装作业前需要对作业人员进行技术交底工作，进行相应工艺培训，加强操作人员质量控制意识，保证吊装精度。

7. PC 准备

楼梯堆放应满足以下要求：楼梯进场后用塔式起重机进行吊卸，楼梯下面沿长方向铺木方，堆放高度不宜超过六层，每层间需用通长木方垫起，上下层楼梯垫木的位置必须对齐，严禁集中堆载。

8.1.2 轴线标高测量

1. 标高控制

安装前先在混凝土墙上弹好标高控制线，用激光水平仪测得标高后，经过计算，在安装面两侧加垫片。

2. 水平控制

水平控制线由轴线控制网引出，每块预制楼梯均应有纵横两条控制线。

思考与讨论

预制楼梯采用几个吊点？

8.2 吊装施工

任务引入

装配式预制楼梯的安装方法主要有直接吊装法和储存吊装法两种，本工程采用直接吊装法。

任务实施

8.2.1　施工顺序

7. 预制楼梯吊装

预制楼梯吊装施工工作流程为：测量放线→构件进场检查→构件编号→吊具安装→起吊调平→吊运→钢筋对位→就位、调整→调节支撑。

8.2.2　吊装施工

1. 测量放线

楼梯周边梁板吊装后，测量并弹出相应楼梯构件端部和侧边的控制线。

2. 构件进场检查

复核构件尺寸和重量。

3. 构件编号

在构件上标明每个构件所属的吊装区域和吊装顺序编号，便于吊装工人辨认。

4. 吊具安装

根据构件形式选择钢梁、吊具和螺栓，并在低跨采用捯链连接塔式起重机吊钩和楼梯。

5. 起吊调平

楼梯吊离车（地面）30cm，采用水平尺测量水平，并采用捯链将其调整水平。

6. 钢筋对位

楼梯吊至梁上方 30cm 后，调整楼梯位置使上下平台锚固筋与梁箍筋错开，板边线基本与控制线吻合。

7. 就位、调整

根据已放出的楼梯控制线，先保证楼梯两侧正确就位，再用水平尺和捯链调节楼梯水平。

8. 调节支撑

楼梯板就位后调整支撑立杆，确保所有立杆全部受力。

8.2.3　质量管理

吊装质量的控制是装配整体式结构工程的重点环节，也是核心内容，主要控制重点在施工测量的精度上。为达到构件整体拼装的严密性，避免因累计误差超过允许偏差值而使后续构件无法正常吊装就位等问题的出现，吊装前须对所有吊装控制线进行认真的复检。

1. 吊装前根据吊装顺序检查构件顺序是否对应，吊装标识是否正确。

2. 楼梯构件的吊装标高控制不得大于 5mm，定位控制不大于 8mm。

3. 吊装前准备工作充分到位。

4. 吊装顺序合理，班前质量技术交底清晰明了。

5. 构件吊装标识简单易懂。

6. 吊装人员在作业时必须分工明确，协调合作意识强。

7. 指挥人员指令清晰，不得含糊不清。

8. 工序检验到位，工序质量控制必须做到有可追溯性。

8.2.4 成品保护及文明施工

1. 工人进场必须进行有针对性的安全教育，每天吊装前必须进行安全交底。

2. 吊装前必须检查吊具、钢梁、捯链、钢丝绳等起重用品的性能是否完好。

3. 严格遵守现场的安全规章制度；所有人员必须参加大型安全活动。

4. 正确使用安全带、安全帽等安全工具。

5. 特种施工人员持证上岗。

6. 对于安全负责人的指令，要自上而下贯彻到最末端，确保对程序、要点进行完整的传达和指示。

7. 在吊装区域、安装区域设置临时围栏、警示标志，临时拆除安全设施（洞口保护网、洞口水平防护）时也一定要取得安全负责人的许可，离开操作场所时需要对安全设施进行复位。工人禁止在吊装范围下方穿越。

8. 梁板吊装前在梁、板上提前将安全立杆和安全维护绳安装到位，为吊装时工人佩戴安全带提供连接点。

9. 所有人员吊装期间进入操作层必须佩戴安全带。

10. 操作结束时一定要收拾现场、整理整顿、特别在结束后要对工具进行清点。

11. 需要进行动火作业时，首先要拿到动火许可证，作业时要充分注意防火，准备灭火器等灭火设备。

12. 高空作业必须保持身体状况良好。

13. 构件起重作业时，必须由起重工进行操作，吊装工进行安装。绝对禁止无证人员进行起重操作。

💡 思考与练习

一、单选题

1. 对于全预制板式楼梯，板内负筋伸入现浇混凝土不应小于（　　）。

A. 9d　　　　　　B. 10d　　　　　　C. 11d　　　　　　D. 12d

2. 预制楼梯踏步梯段的支撑方式一般有（　　）四种形式。

A. 墙承楼梯、板式楼梯、旋转楼梯和吊挂式楼梯

B. 梁式楼梯、板式楼梯、悬臂式楼梯和吊挂式楼梯

C. 梁式楼梯、板式楼梯、悬臂式楼梯和双剪楼梯

D. 墙承楼梯、板式楼梯、旋转楼梯和多跑楼梯

3. 楼梯拆模起吊前检验同条件养护的混凝土试块强度，当平均抗压强度达到（　　）以上方可脱模，否则继续进行养护。

A. 10MPa　　　　B. 20MPa　　　　C. 18MPa　　　　D. 15MPa

4. 预制楼梯构件存放宜平放，叠放存储不宜超过（　　）层。

A. 2　　　　　　B. 4　　　　　　C. 6　　　　　　D. 8

5. 预制楼梯落位时距离楼面（　　）mm 静停。

A. 100　　　　　B. 150　　　　　C. 250　　　　　D. 300

6. 以下哪个构件属于水平构件（　　）？

A. 楼梯　　　　　　B. 外墙板　　　　　　C. 隔墙　　　　　　D. 预制柱

7. 搁置式预制楼梯在现场安装时，梯段下部与歇台板为（　　）。

A. 刚支座　　　　　B. 固定铰支座　　　　C. 活动铰支座　　　　D. 滑动支座

8. 下列关于预制楼梯说法错误的是（　　）。

A. 预制楼梯宜一端设置固定铰，另一端设置滑动铰

B. 预制楼梯设置滑动铰的端部应采取防止滑落的构造措施

C. 抗震设防烈度为 6 度时预制楼梯在支承构件上的最小搁置长度为 100mm

D. 预制楼梯与支撑构件之间宜采用简支连接

二、多选题

关于预制楼梯吊装说法正确的有（　　）。

A. 梯段吊装时应用 3 根同长钢丝绳 4 点起吊

B. 距离地面 2m 处静停

C. 构件起吊过程中下部不能有人员活动

D. 梯段安装位置要对正定位线

E. 梯段落位歇台板受力后方可取钩

三、判断题

1. 预制楼梯伸出钢筋部位的混凝土表面与现浇混凝土结合处应做成粗糙面，粗糙面的面积不宜小于结合面的 60%。　　　　　　　　　　　　　　　　　　　　　　（　　）

2. 预制楼梯搁置长度允许偏差为 ±10mm。　　　　　　　　　　　　　　　（　　）

3. 吊装前必须在相关楼梯段构件上将各个截面的控制线提前放好，可节省吊装、调整时间并利于质量控制。　　　　　　　　　　　　　　　　　　　　　　　　（　　）

4. 楼梯构件的吊装标高控制不得大于 5mm，定位控制不大于 8mm。　　　（　　）

5. 水平控制线由轴线控制网引出，每块预制楼梯均应有纵向控制线。　　（　　）

Chapter 09

任务**9**

连接部位施工

学习目标

本任务围绕连接部位施工展开。讲解了灌浆套筒连接、核心筒现浇结构施工，主要围绕连接要求、施工工艺、质量保证措施展开。通过本任务的学习，学生需对连接部位施工内容有所掌握。

能力目标

通过本任务的学习，能制定连接部位施工方案并进行技术指导。

思政元素

将"精益求精的工匠精神"融入"预制混凝土构件的灌浆连接"，钢筋套筒灌浆的灌浆施工是装配式混凝土结构构件施工的关键环节之一，接头连接的质量直接影响建筑使用寿命、甚至建筑物的质量安全，"灌浆操作"相对于"混凝土浇筑"的工艺要求来讲要更仔细、更严谨，要求学生养成良好的职业道德及精益求精的工匠精神。

任务导入

本工程为某安置小区及教师限价房建设工程，本项目主要任务是根据施工图完成连接部位的施工。

任务分解：

（1）灌浆套筒连接；

（2）核心筒现浇部位施工。

思维导图

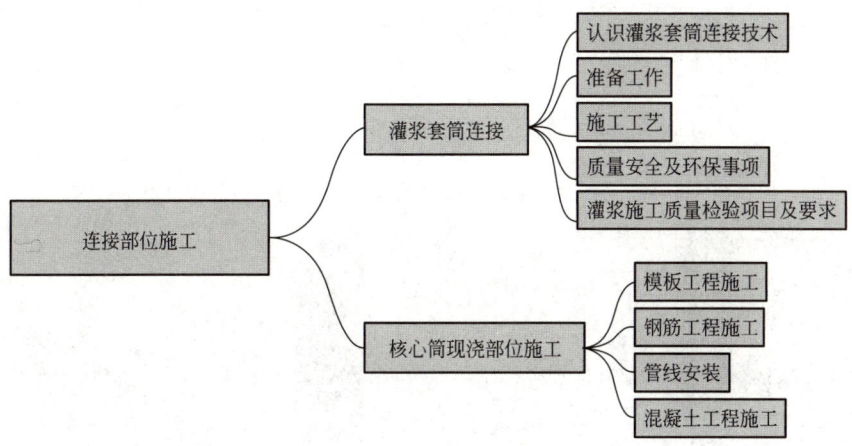

9.1　灌浆套筒连接

任务引入

　　在吊装施工时已经将带肋钢筋插入内腔为凹凸表面的灌浆套筒，后续需要通过向套筒与钢筋的间隙灌注专用高强水泥基灌浆料，灌浆料凝固后将钢筋锚固在套筒内，将 PC 结构之间进行有效连接，减少传统施工劳动强度，提高施工效率。

任务实施

9.1.1　认识灌浆套筒连接技术

1. 半灌浆套筒连接

（1）定义

半灌浆连接通常是上端钢筋采用直螺纹、下端钢筋通过灌浆料与灌浆套筒进行连接，如图 9-1 所示。一般用于预制剪力墙、框架柱主筋连接，所用套筒为 GT/CT 系列灌浆直螺纹连接套筒（图 9-2）。

（2）半灌浆套筒连接的优点

1）外径小，对剪力墙尤其适用。

2）与全灌浆套筒相比，半灌浆套筒长度能显著缩短（约 1/3），现场灌浆工作量减半，灌浆高度降低，能降低对构件接缝处密封的难度。

3）工厂预制时钢套筒与钢筋的安装固定也比全灌浆套筒相对容易。

（3）半灌浆连接的性能及适用范围

1）套筒设计符合《钢筋连接用灌浆套筒》JG/T 398—2019 要求，接头性能达到《钢筋机械连接技术规程》JGJ 107—2016 规定最高级——Ⅰ级。

2）半灌浆连接目前可连接 HRB400 带肋钢筋，连接钢筋直径范围为 ϕ12mm～ϕ40mm。

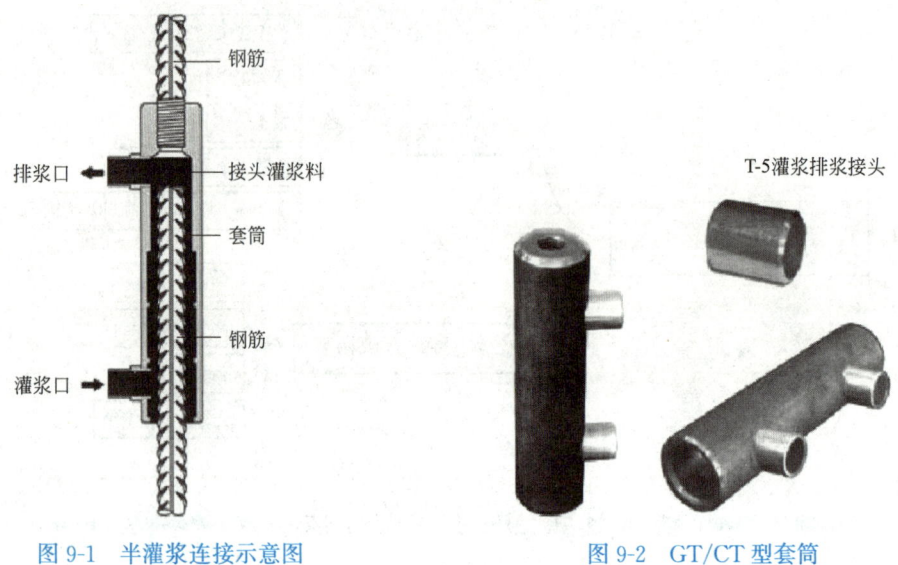

图 9-1　半灌浆连接示意图　　　　　图 9-2　GT/CT 型套筒

2. 全灌浆连接

（1）定义

全灌浆连接是两端钢筋均通过灌浆料与套筒进行的连接，如图 9-3 所示。一般用于预制框架梁主筋的连接。

所用套筒为 CTH 系列灌浆连接套筒，如图 9-4 所示。

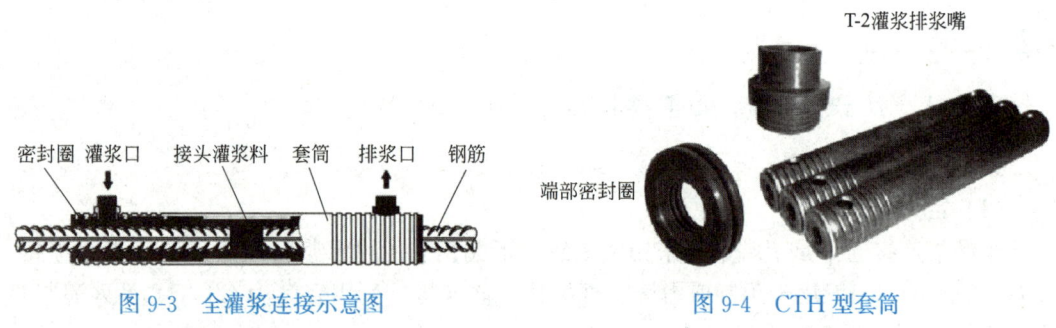

图 9-3　全灌浆连接示意图　　　　　图 9-4　CTH 型套筒

（2）全灌浆套筒连接的优点

1）采用优质碳素结构钢加工制造，比铸造材料材质更稳定可靠、性能更好（特别是延性），机器加工比铸造工艺更容易控制尺寸。

2）内部沟槽采用发明专利技术正反向斜坡设计，受力更合理科学。

3）外径最小，质量稳定可靠。

（3）全灌浆连接的性能及适用范围

1）全灌浆连接接头性能达到《钢筋机械连接技术规程》JGJ 107—2016 规定的最高级——Ⅰ级。

2）全灌浆连接目前可连接 HRB400 带肋钢筋，连接钢筋直径范围为 $\phi16\sim\phi40$mm。

3. 灌浆材料

（1）CGMJM-Ⅵ通用型（泵送型）灌浆料，常温下可操作时间 60min，适用于正常施工场合，可采用机械泵灌浆，也可手动灌浆。目前适用于直径在 $\phi12\sim\phi25$mm 钢筋的灌浆连接。

（2）CGMJM-Ⅵ低温型灌浆料，主要用于温度较低时（如 5℃以下，甚至在 -10℃）还需要施工的场合。该型料在 5℃以下使用时，要与厂家沟通，制定专门的工艺。在日平均气温低于 0℃时，需要辅助加热保温措施。该型号灌浆料在常温下使用时，可操作时间较短（低于 30min），只推荐用于小批量手动灌浆、快速抢工期的场合。

（3）CGMJM-Ⅷ型超高强灌浆料，常温下可操作时间 60min，主要用于大直径钢筋（≥28mm）的连接，机械泵送、手动灌浆均可。

9.1.2　准备工作

1. 需用的工具和材料

电子秤、量杯、温度计、冲击钻式砂浆搅拌机、灌浆泵、水桶等。

2. 基础处理

灌浆前，构件与灌浆料接触的表面应清理干净，不得有油污、杂物、浮浆等，将构件灌浆表面湿润且无明显积水；封堵灌浆接封口，保证灌浆时不漏浆。

3. 高温施工准备

气温高于 30℃时，灌浆料应存于通风、阴凉处，避免长时间阳光照射；当构件表面温度高于 30℃时，应预先采用湿润降温等措施；拌合水温控制在 25℃以下，尽量现取现用。

9.1.3　施工工艺

1. 工艺流程图

针对项目特点，本工程选用半灌浆套筒连接，其工艺流程如图 9-5 所示。

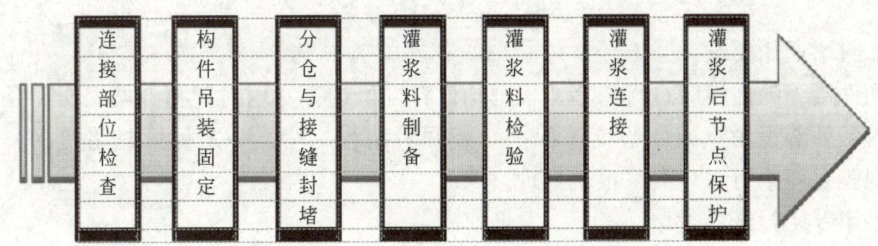

图 9-5　半灌浆套筒连接工艺流程图

2. 连接部位检查

（1）连接钢筋检查

检验下方结构伸出的连接钢筋的位置和长度，应符合设计要求，钢筋位置偏差不得大于 ±3mm（可用钢筋位置检验模板检测）。钢筋不正可用钢管套住掰正，长度偏差在 0～15mm，钢筋表面干净，无严重锈蚀，无粘结物。

123

（2）构件连接面检查

构件水平接缝（灌浆缝）基础面干净、无油污等杂物。高温干燥季节应对构件与灌浆料接触的表面做润湿处理，但不得形成积水。

3. 构件吊装固定

在安装基础面放置可调垫铁（约 20mm 厚，金属制品）并调平，构件吊装到位。安装时，下方构件伸出的连接钢筋均应插入上方预制构件的连接套筒内（底部套筒孔可用镜子观察），然后放下构件，校准构件位置和垂直度后支撑固定。

4. 分仓与接缝封堵

（1）分仓

采用电动灌浆泵灌浆时，一般单仓长度不超过 1m，在经过实体灌浆试验，确定可行后可延长，但不宜超过 3m。仓体越大，灌浆阻力越大、灌浆压力越大、灌浆时间越长，对封缝的要求越高，灌浆不满的风险越大。采用手动灌浆枪灌浆时，单仓长度不宜超过 0.3m。分仓隔墙宽度应不小于 2cm，为防止遮挡套筒孔口，距离连接钢筋外缘应不小于 4cm，如图 9-6 所示。

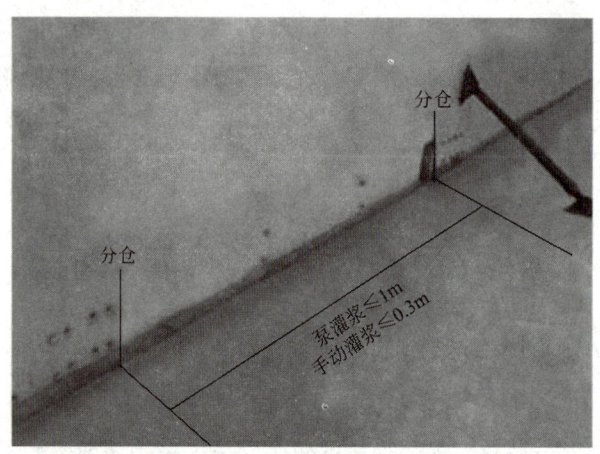

图 9-6　分仓

（2）封堵通用要求

对构件接缝的外沿应进行封堵。根据构件特性可选择专用封缝料封堵、密封条（必要时在密封条外部设角钢或木板支撑保护）或两者结合封堵。一定保证封堵严密、牢固可靠，否则压力灌浆时一旦漏浆很难处理。

（3）用专用封缝料封堵

使用专用封缝料（坐浆料）时，要按说明书要求加水搅拌均匀。封堵时，里面加内衬（内衬材料可以是软管、PVC 管，也可用钢板），填抹 1.5～2cm 深（确保不堵套筒孔），一段抹完后抽出内衬进行下一段填抹。段与段结合的部位、同一构件或同一仓要保证填抹密实。填抹完毕确认干硬强度达到要求（常温 24h，约 30MPa）后再灌浆，如图 9-7 所示。

（4）用密封带封堵

在剪力墙靠 EPS 保温板的一侧（外侧）封堵可用密封带封堵，如图 9-8 所示。密封带要有一定厚度，压扁到接缝高度（一般 2cm）后还要有一定强度。密封带要不吸水，防止吸收灌浆料水分引起收缩。密封带在构件吊装前固定安装在底部基础的平整表面。

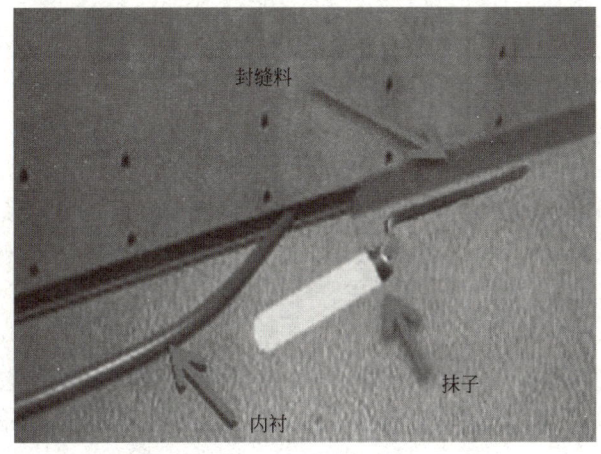

图 9-7　封缝料封堵

图 9-8　密封带

5. 灌浆料制备

（1）选型

必须采用经过接头型式检验，严禁使用未经检验的灌浆材料。

（2）施工准备

准备灌浆料（打开包装袋检查灌浆料应无受潮结块或其他异常）和清洁水。

准备施工器具：测温仪、电子秤和刻度杯、不锈钢制浆桶、水桶、手提变速搅拌机、灌浆枪或灌浆泵、截锥试模、玻璃板（500mm×500mm）、钢板尺（或卷尺）等，如图 9-9 所示。

采用灌浆泵时应有停电应急措施。

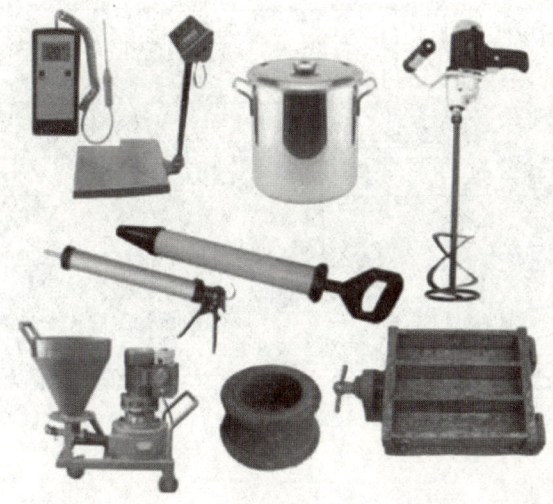

图 9-9　施工器具

（3）制备灌浆料浆料

严格按本批产品出厂检验报告要求的水料比（比如 11％，即为 11g 水＋100g 干料）用电子秤分别称量灌浆料和水。也可用刻度量杯计量水。先将水倒入搅拌桶，然后加入约 70％料，用专用搅拌机搅拌 1～2min 大致均匀后，再将剩余料全部加入，再搅拌 3～4min 至彻底均匀。搅拌均匀后，静置 2～3min，使浆内气泡自然排出后再使用。

6. 灌浆料检验

（1）流动度检验

每班灌浆连接施工前进行灌浆料初始流动度检验，记录有关参数，流动度合格方可使用。环境温度超过产品使用温度上限（35℃）时，须做实际可操作时间检验，保证灌浆施工时间在产品可操作时间内完成。

（2）现场强度检验

根据需要进行现场抗压强度检验。制作试件前浆料也需要静置 2～3min，使浆内气泡自然排出。试块要密封后现场同条件养护。

7. 灌浆连接

（1）灌浆孔出浆孔检查

在正式灌浆前，逐个检查各接头的灌浆孔和出浆孔内有无影响浆料流动的杂物，确保孔路畅通。

（2）灌浆

用灌浆泵（枪）从接头下方的灌浆孔处向套筒内灌浆，如图 9-10 所示，正常灌浆浆料要在自加水搅拌开始 20～30min 内灌完，以尽量保留一定的操作应急时间。

注意 1：同一仓只能在一个灌浆孔灌浆，不能同时选择两个以上孔灌浆。

注意 2：同一仓应连续灌浆，不得中途停顿。如果中途停顿，当再次灌浆时，应保证已灌入的浆料有足够的流动性，同时还需要将已经封堵的出浆孔打开，待灌浆料再次流出后再逐个封堵出浆孔。

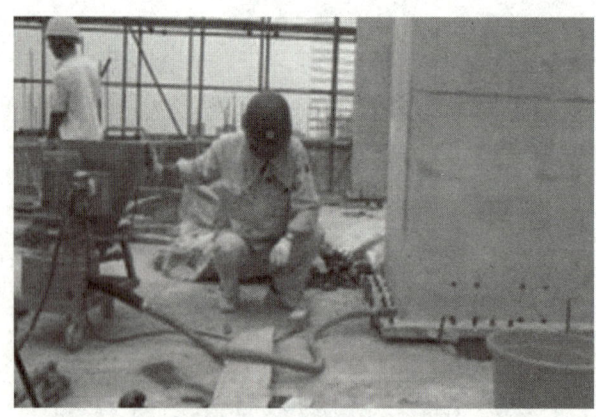

图 9-10　灌浆

（3）封堵灌浆、排浆孔

接头灌浆时，待接头上方的排浆孔流出浆料后，及时用专用橡胶塞封堵，如图 9-11 所示。灌浆泵（枪）口撤离灌浆孔时，也应立即封堵。

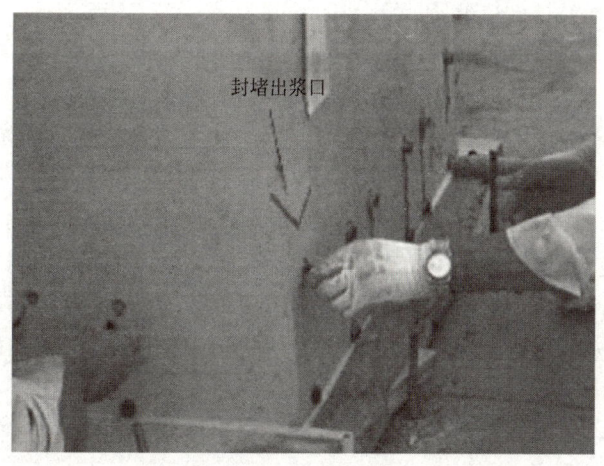

封堵出浆口

图 9-11　封堵出浆口

通过水平缝连通腔一次向构件的多个接头灌浆时，应按浆料排出先后依次封堵灌浆排浆孔，封堵时灌浆泵（枪）一直保持灌浆压力，直至所有灌浆排浆孔出浆并封堵牢固后再停止灌浆。如有漏浆须立即补灌损失的浆料。

在灌浆完成、浆料凝固前，应巡视检查已灌浆的接头，如有漏浆及时处理。

（4）接头充盈度检验

灌浆料凝固后，取下灌排浆孔封堵胶塞，孔内凝固的灌浆料上表面应高于排浆孔下缘5mm 以上。

（5）灌浆施工记录

灌浆完成后，填写灌浆作业记录表，发现问题的补救处理也要做相应记录。

8. 灌浆后节点保护

灌浆后灌浆料同条件试块强度达到 35MPa 后方可进入后续施工。

通常，环境温度在：

15℃以上，24h 内构件不得受扰动；

5～15℃，48h 内构件不得受扰动；

5℃以下，视情况而定，如对构件接头部位采取加热保温措施，要保持加热 5℃以上至少 48h，期间构件不得受扰动。

9.1.4　质量安全及环保事项

（1）灌浆料应储存于通风、干燥、阴凉处，应注意避免阳光长时间照射。

（2）气温高于 30℃，制浆拌合水应避免阳光长时间照射，水温应尽量控制在 25℃以下；搅拌设备和灌浆泵（枪）等器具要在使用前用水润湿、降温；浆料搅拌时应避免阳光直射。对灌浆构件表面，应预先润湿降温。

（3）手动灌浆枪为针管状，靠人力将浆料压入接头套筒内，适用于单个或少数接头逐一灌浆；电动灌浆泵适用于采用连通腔方式对同一仓体的多个接头进行灌浆（见分仓要求）。使用电动灌浆泵灌浆时，需要有停电应急措施，以防灌浆过程中突然停电造成构件灌浆连接中途停止。

（4）雨雪天气，不宜进行灌浆施工。

（5）对多个连通接头灌浆时，禁止从两个灌浆口同时灌浆，以防窝气而造成连通腔不能充满。

（6）在灌浆过程中，如发现浆料灌注阻力较大，确认无法继续灌浆时，应立即停止作业，记录情况，分析原因，根据具体情况采取措施。

（7）灌浆完成后，根据现场同条件、灌浆料试块强度和施工方案要求，确定拆除构件固定支撑时间。

（8）现场灌浆料检验试块应采用同现场搅拌工艺拌制的浆料制作。施工验收用试块，在浆料凝固后放在标准室进行标准养护；用于指导施工用试块（比如确定拆除支撑时间）应密封或养护在与构件相同的温度环境下。

（9）灌浆完毕，立即用水清洗搅拌机、灌浆泵、灌浆枪等器具，禁止凝固后的浆料再混入新拌制的浆料中。

（10）灌浆料规定了有效期，超出有效期的产品不得使用。

（11）现场灌浆施工人员须经本公司技术培训，考试合格并取得水泥灌浆钢筋连接技术操作上岗证后，方可持证进行灌浆施工作业。

（12）安全事项：每个工艺环节操作时一定要保证安全。凡带电设备，严格按电气通用要求和设备使用说明要求操作、管理。操作人员要接受安全培训并接受工厂和现场的安全监督。

（13）环保事项：使用操作本产品时产生的废弃物要按要求处理回收。现场剩余、遗洒和泄漏的干料或浆料要随时收集处理。

9.1.5 灌浆施工质量检验项目及要求

1. 灌浆料进场检验

灌浆料进场时，应重点对灌浆料拌合物（按比例加水制成的浆料）30min 流动度、1d 抗压强度、28d 抗压强度、3h 竖向膨胀率、24h 与 3h 竖向膨胀率差值进行检验。检验结果应符合《钢筋连接用套筒灌浆料》JG/T 408—2019 有关规定。

检查数量：同一批号的灌浆料，检验批量不应大于 50t。

检验方法：每批按《钢筋连接用套筒灌浆料》JG/T 408—2019 的有关规定随机抽取灌浆料制作试件并进行检验。

2. 工艺检验

灌浆施工前，应对不同钢筋生产企业的进场钢筋进行接头工艺检验；施工过程中，如更换钢筋生产企业或同生产企业生产的钢筋外形尺寸与已完成工艺检验的钢筋有较大差异时，应补充工艺检验。

（1）工艺检验一般应在预制构件生产前进行。如现场灌浆施工单位与工艺检验时的灌浆单位不同，灌浆前应再次进行工艺检验。

（2）工艺检验应模拟施工条件制作接头试件，并按接头制作单位提供的施工操作要求进行。

（3）每种规格钢筋应制作 3 个对中套筒灌浆连接接头，并检查灌浆质量。

（4）每个接头试件的抗拉强度和 3 个接头试件残余变形的平均值应符合《钢筋机械连接技术规程》JGJ 107—2016 中对 I 级接头的相关规定。

（5）第一次工艺检验中 1 个试件抗拉强度或 3 个试件的残余变形平均值不合格时，可再抽 3 个试件进行复检，复检仍不合格判为工艺检验不合格。

3. 灌浆料现场检验

灌浆施工中，需要检验灌浆料的 28d 抗压强度并应符合《钢筋连接用套筒灌浆料》JG/T 408—2019 有关规定。用于检验抗压强度的灌浆料试件应在施工现场制作，并在实验室条件下按标准养护。

检查数量：每工作班取样不得少于 1 次，每楼层取样不得少于 3 次。每次抽取 1 组 40mm×40mm×160mm 的试件，标准养护 28d 后进行抗压强度试验。

4. 灌浆接头外观检查

对灌浆接头全数进行外观检查。检查项目包括灌浆、排浆孔口内灌浆料充满状态。

合格要求：灌浆口处（下口）灌浆料应充满；排浆口处的灌浆料上表面应高于排浆孔下缘 5mm。

5. 灌浆接头抗拉强度检验

如果在构件厂检验灌浆套筒抗拉强度时，采用的灌浆料与现场所用一样，试件制作也是模拟施工条件，则该项试验不需再做。否则需重做，做法如下：

检查数量：同一批号、同一类型、同一规格的灌浆套筒，检验批量不应大于 1000 个，每批随机抽取 3 个灌浆套筒制作对中接头。

检验方法：有资质的实验室进行拉伸试验。

为缩短试验周期，在 28d 内，只要同条件养护灌浆料试块强度达到 85MPa 就可送检。

检验结果应符合《钢筋机械连接技术规程》JGJ 107—2016 中对 I 级接头抗拉强度的要求。

思考与讨论

套筒灌浆的方式有哪些？简述半套筒灌浆的步骤及质量检验方法。

9.2　核心筒现浇部位施工

构件吊装完成后，要对核心筒部位进行现浇部位施工，同步进行水电等相关预埋安装。

任务分解及施工流程：模板工程施工、钢筋工程施工、管线安装、混凝土工程施工。

任务实施

9.2.1　模板工程施工

1. 材料控制

模板进场前及模板安装前，由质量工程师进行验收，检查模板的平整度和几何尺寸、接缝情况、加工精度等，对于变形较大的或有破损的坚决不用。

板面不应有裂缝、结疤、分层等缺陷，如有擦伤、划痕和烧伤，其深度不得大于0.5mm，宽度不得大于 2mm。

拆除的模板应及时保养维修，均匀涂刷隔离剂。

2. 操作过程控制

各类模板制作须严格要求，应经质量部门验收合格后方可投入使用；模板支设完后先进行自检，其允许偏差必须符合要求，凡不符合要求的应返工调整，合格后方可报验。

安装前应按序号对照模板的布置图，按墙、柱位置线就位，并认真检查其垂直度、标高及截面尺寸，严格控制在规范允许范围之内。并检查模板的杂物、浮浆清理情况、板面修整情况、隔离剂涂刷情况等。

模板在支设前，施工缝处已浇筑的混凝土必须进行剔凿，露出石子，并清理干净。

门窗洞口模板组装与墙模板的固定牢固，同时模板角模和侧模做企口拼接处理，与墙体模板采用螺栓连接。

浇筑墙梁板混凝土时，必须认真进行浇灌和振捣，为防止模板内漏振必须采用敲击法检查模板，必须有人看模以防止跑模。

拆模后，及时对模板及缝隙进行彻底清理。

模板经常进行维修清理、校正变形、更换模板配件。

9.2.2 钢筋工程施工

1. 钢筋的质量控制

（1）本工程钢筋直径较大，基本使用 HRB400 级 $\phi18\sim\phi28$mm 的钢筋。梁、柱大直径钢筋连接主要采用机械连接。

（2）钢筋下料必须采用切断机下料，不得用气割下料；端面垂直，不得出现马蹄头或弯曲头，否则用砂轮切割机切掉。

（3）套丝时采用水溶性切削润滑液，不得用机油作切削润滑液或不加润滑液滚扎丝头。

（4）套丝完成必须进行工艺检验。

（5）用环规检查其套丝长度时，如出现丝扣超长，则用手持砂轮机磨掉，直至满足规定的长度要求为止。如丝扣长度不足时，需重新调整限位器并重新套丝，直至满足要求为止。丝扣不饱满者，切掉 20mm 重新套丝。

（6）质检人员用牙形规、环规，按 10% 的加工数量抽检钢筋丝头加工质量，并填写钢筋螺纹加工检验记录，如发现一个不合格丝头，则逐个检查，剔除不合格丝头。

（7）直螺纹钢筋连接时必须使用力矩扳手，力矩扳手每半年应标定一次。

2. 柱钢筋施工

柱钢筋施工工艺流程：放线→满堂架搭设或操作架搭设→调整钢筋位置、柱筋机械连接→检查、验收→画箍筋间距线→按顺序套柱箍筋（接口错开）→绑箍筋→校正。

（1）柱定位框的使用

在浇筑混凝土前将柱子定距框套在柱筋顶端（距柱模板上口约 15cm 处，可周转使用），用绑扣将柱筋紧靠在定距框上，并在定距框的上口绑扎 1～2 根柱限位箍筋，如

图 9-12 所示，以确保柱钢筋间距位置，下部用砂浆垫块控制保护层的厚度。

图 9-12　柱定位箍示意图

（2）合理划分箍筋分档间距

在柱的对角钢筋上用粉笔画箍筋分档间距线（包括大、小箍筋），起步筋距混凝土面 50mm，且同一道位置处的小箍筋与大箍筋不宜重叠，宜分开 10～20mm，以便大小箍筋可以分开用绑扎丝进行绑扎，保证绑扎到位；另外，在主筋机械连接接头位置处，如箍筋分档正好赶上此位置，应采用局部加密的方法进行调整，保证机械接头位置处钢筋保护层及箍筋与主筋绑扎到位。

3. 梁钢筋施工

工艺流程：画主次梁箍筋间距→放主梁、次梁箍筋→穿主梁底层纵筋及弯起→穿次梁底层纵筋并与箍筋固定→穿主梁上层纵向架立筋→按主梁箍筋间距绑扎→穿次梁上层纵向钢筋→按次梁箍筋间距绑扎。

（1）梁柱接头部位柱筋箍筋加密的处理，先计算需用加密个数，待梁底穿插完毕后按数量先绑扎好加密区，再绑扎梁筋。当梁柱核心区内钢筋特别密集时，将柱箍筋改为两个 U 形箍套叠后焊接封闭。绑梁上部纵向筋的箍筋，梁端第一个箍筋应设置在距离柱节点边缘 50mm 处，加密长度为 $1.5h_b$ 且大于 500mm。

（2）主次梁交接处应附加箍筋或吊筋，图纸设计为附加箍筋时，距次梁边 5cm 起按 50mm 间距布设 3 个直径和肢数同主梁箍筋的附加箍筋。设计为吊筋时，按相关图集要求设置构造。

（3）框架梁底部纵筋在边跨伸至柱边长度 $\geqslant L_{aE}$ 时，可不必弯锚。在中间支座处伸入柱边 $\geqslant 0.5h_c$（h_σ 为柱截面沿框架方向高度）$+5d$，且同时 $\geqslant L_{aE}$。面筋为非贯通筋时，边跨第一排切断点为柱边 $L_n/3$，第二排为 $L_n/4$（L_n 为边净跨值），且梁筋贯通接长时，可采用机械焊接。

（4）框架梁纵向钢筋接头应避开两端箍筋加密区，上部钢筋在跨中 1/3 范围内，下部钢筋在支座 1/3 范围内连接，且同一区段内同种钢筋接头面积不得大于 50%。

（5）悬挑构件根部钢筋位置、做法及锚固要求，应严格按图施工，并加设临时支撑，悬挑梁纵筋不得有接头。

（6）梁的钢筋位置应安放正确，凡图中无特别注明者，次梁钢筋置于主梁钢筋之上；当受力筋为双排或两排以上时，可用 φ25mm 短钢筋垫在两层之间，且不小于梁钢筋直径。

4. 板钢筋施工

（1）先弹线后绑扎

坚持先划（弹）线再绑扎，板起步筋距梁、墙混凝土边 50mm。

（2）绑扎前确定绑扎顺序

短向钢筋位于长向钢筋外侧，板分布筋位于受力主筋内侧，支座节点处负弯矩钢筋必须遵循上述原则一层压一层，以防网片钢筋超高、保护层过小。

（3）采用马凳控制上下层钢筋

对于上部楼板，上下层钢筋之间采用"几"字形马凳；马凳使用前先预检，不合格的不能用于工程中；马凳必须与钢筋之间用绑扎丝绑扎牢固。

（4）其他

1）板钢筋相交点均采用绑扎丝成"八字扣"绑扎，以防浇筑混凝土时钢筋移位。

2）支座负筋的端头绑扎时拉通线进行绑扎，确保钢筋端部伸出一致。

9.2.3 管线安装

1. 给水排水安装工程质量控制

（1）管道接口应严格按规范施工工艺进行。

（2）管道施工的临时间断敞口处，应注意及时封堵，防止掉入灰浆等污杂物。

（3）因承重墙墙体影响管道坐标时，可采用冷弯或用弯头调整立管中心。

2. 电气安装工程质量控制

多条电线管并排安装时，卡具的排列必须按照统一的顺序编排，同时卡具之间距离应该考虑接线盒的因素，避免因接线盒而影响电线管的平直度。

对 90°转弯、三通等常用配件，全部采用厂家定做的形式。对于个别比较特别的角弯，则绘制相应图纸向厂家订货。

9.2.4 混凝土工程施工

1. 混凝土浇筑前的准备

（1）混凝土浇筑部位层的模板、钢筋、预埋件及管线等全部安装完毕，经检查符合设计要求，并办完隐、预检手续。

（2）模板内的杂物和钢筋上的油污等应清理干净，模板的缝隙和孔洞应堵严。

（3）已进行全面施工技术交底，混凝土浇筑申请书已被批准。各专业已在混凝土浇筑会签单上签字。

（4）夜间施工配备好足够的夜间照明设备。现场运输道路畅通，满足浇筑施工的要求。

2. 混凝土浇筑方法

混凝土全部采用商品混凝土，本工程地下室外墙柱竖向结构混凝土与水平结构混凝土一起浇筑，内墙柱和水平结构分两次进行浇筑，塔楼核心筒和外框架柱竖向结构单独浇筑，水平梁板结构一起浇筑。

3. 内墙、柱竖向结构混凝土浇筑

（1）墙柱混凝土一次性浇筑到梁底（或板底），拆模后，剔除浮浆 2～3cm，直至露出石子为止。

（2）混凝土浇筑时，采用输送泵与布料杆共同进行混凝土输送。

（3）墙混凝土浇筑前，先在底部均匀浇筑 50mm 厚与墙体混凝土成分相同的水泥砂浆；柱混凝土浇筑前，先在底部均匀浇筑 100mm 厚与柱混凝土成分相同的水泥砂浆。

（4）混凝土应分层浇筑，分层厚度为 40cm 左右，上下层浇筑间隔时间不能大于 2h；振动棒振点要均匀，防止漏振。

（5）洞口处混凝土浇筑时，应使洞口两侧混凝土高度大体一致，应从两侧同时下料，同时振捣。

（6）浇筑时采用标尺杆控制分层厚度（夜间施工时用照亮模板内壁），分层下料、分层振捣，振捣时注意快插慢拔，并使振捣棒在振捣过程中上下略有抽动，上下混凝土振动均匀，使混凝土中的气泡充分上浮消散。振捣棒移动间距为 30～40cm，在剪力墙钢筋较密的情况下移动间距控制在 30cm 左右，并事先用钢管钎找好落棒位置。浇筑门窗洞口时，沿洞口两侧均匀对称下料，振动棒距洞边 30cm 以上，从两侧同时振捣，为防止洞口变形。浇筑过程中质检员用小锤敲击模板侧面检查，防止钢筋密集及洞口部位出现漏振、欠振或过振。

4. 梁、板水平结构混凝土浇筑

（1）梁、板混凝土应同时浇筑，浇筑方法由一端开始用"赶浆法"即先浇筑梁，根据梁高分层浇筑成阶梯形，当达到板底位置时再与板的混凝土一起浇筑，随着阶梯形不断延伸，梁板混凝土浇筑连续向前进行。浇筑与振捣必须紧密配合，第一层下料慢些，梁底充分振实后再下第二层料，保持水泥浆沿梁底包裹石子向前推进，每层均应振实后再下料，梁底及梁帮部位要注意振实，振捣时不得触动钢筋及预埋件。

（2）梁柱节点钢筋较密时，浇筑此处混凝土时用小粒径石子同强度等级的混凝土用塔式起重机吊斗浇筑，并用振捣棒振捣。

（3）浇筑板混凝土的虚铺厚度应略大于板厚，用平板振捣器垂直浇筑方向来回拖动振捣，并用铁插尺检查混凝土厚度，振捣完毕后用木刮杠刮平，浇水后再用木抹子压平、压实。施工缝处或有预埋件及插筋处用木抹子抹平。浇筑板混凝土时不允许用振捣棒铺摊混凝土。

5. 后浇带混凝土浇筑

后浇带混凝土浇筑应推迟两个月浇捣，后浇带混凝土强度相应提高一级，混凝土中须加入相当于胶凝材料含量 10%～12% 的高效膨胀抗裂防水剂，并振捣密实，加强养护。

后浇带均采用微膨胀细石混凝土密实浇捣，浇筑前应将表面清理干净。由于后浇带搁置时间较长，为了控制其锈蚀程度，影响其受力性能，故采用在钢筋上刷水泥浆保护，在后浇带两侧砌筑两皮砖，并覆盖竹胶板和塑料薄膜，防止垃圾及雨水和施工用水进入后浇带；后浇带两侧梁板要加设支撑，并同时布设水平安全网。

在浇筑后浇带混凝土之前，应清除垃圾、水泥薄膜，剔除表面上松动砂石、软弱混凝土层及浮浆，同时还应加以凿毛，用水冲洗干净并充分湿润不少于 24h，残留在混凝土表面的积水应予清除，并在施工缝处铺 20mm 厚与混凝土内成分相同的一层水泥砂浆，然后再浇筑混凝土。

在后浇带混凝土达到设计强度之前的所有施工期间，后浇带跨的梁板的底模及支撑均不得拆除。

6. 混凝土养护

混凝土养护常温下采用洒水或喷水养护，柱墙可采用养护剂涂刷，普通混凝土养护时间 7d，抗渗混凝土养护时间 14d。

 思考与练习

一、单选题

1. 下列选项中，不属于套筒灌浆料的特点是（　　）。

A. 高强度 　　　　　　　　　　　B. 微膨胀

C. 具有流动性 　　　　　　　　　D. 原材料丰富，成本低

2. 下列选项，关于灌浆施工的说法错误的是（　　）。

A. 灌浆作业应按产品要求计量灌浆料和水的用量并搅拌均匀

B. 搅拌时间从开始加水到搅拌结束后静置的时间，应不少于 5min

C. 每次拌制的灌浆料拌合物应进行流动度的检测，其流动度应符合设计要求

D. 搅拌后的灌浆料应在 30min 内使用完毕

3. 下列选项，不属于半灌浆连接的优点是（　　）。

A. 外径小，对剪力墙、柱都适用

B. 与全灌浆套筒相比，半灌浆套筒长度能显著缩短（约 1/3），现场灌浆工作量减半

C. 工厂预制时钢套筒与钢筋的安装固定比全灌浆套筒相对复杂

D. 半灌浆套筒适应于竖向构件连接

4. （　　）采用坐浆料将构件与楼板之间的缝隙填充密实，然后对预制竖向构件进行逐一灌浆。

A. 空腔法 　　　　　B. 坐浆法 　　　　　C. 分仓法 　　　　　D. 封堵法

5. 下列选项，关于套筒灌浆施工的说法错误的是（　　）。

A. 预制构件接触面现浇层应进行凿毛或拉毛处理，其粗糙面不应小于 3mm

B. 预制构件自身接触粗糙面应控制在 6mm 左右

C. 预制竖向构件与楼板之间通过钢垫片来调节预制构件竖向标高

D. 预制竖向构件吊装就位后对水平度、安装位置、标高进行检查

6. 下列选项，关于灌浆料使用规定的说法错误的是（　　）。

A. 灌浆料 3h 竖向膨胀率≥0.02%

B. 灌浆料使用温度不宜低于 5℃，不宜高于 30℃

C. 灌浆料初始流动性需≥260mm

D. 灌浆料的试块规格为 40mm×40mm×160mm

7. 灌浆料使用温度不宜高于（　　）℃。

A. 5 　　　　　　　B. 10 　　　　　　　C. 20 　　　　　　　D. 30

8. 同一批号、同一类型、同一规格的灌浆套筒，不超过 1000 个为一批，每批随机抽取（　　）个对中连接接头试件。

A. 4　　　　　　　　B. 3　　　　　　　　C. 2　　　　　　　　D. 1

9. 下列选项中，一般用于预制剪力墙、框架柱主筋的连接是（　　）。

A. 焊接连接　　　　B. 机械连接　　　　C. 绑扎连接　　　　D. 半灌浆连接

10. 灌浆操作全过程应有（　　）负责旁站监督并及时形成施工质量检查记录。

A. 专职检验人员　　B. 技术负责人　　　C. 监理工程师　　　D. 施工员

11. 钢筋套筒灌浆前，应在现场模拟构件连接接头的灌浆方式，每种规格钢筋应制作（　　）个套筒灌浆连接接头，进行灌注质量以及接头抗拉强度的检验。

A. 不少于 2　　　　B. 5　　　　　　　C. 1　　　　　　　D. 不少于 3

12. （　　），是指在预制混凝土构件内预埋的金属套筒中插入钢筋并灌注水泥基灌浆料而实现的钢筋连接方式。

A. 钢筋套筒灌浆连接　　　　　　　　B. 焊接

C. 间接搭接连接　　　　　　　　　　D. 浆锚连接

13. 灌浆施工过程中，配好的灌浆料应在不超过（　　）用完。

A. 30min　　　　　B. 50min　　　　　C. 40min　　　　　D. 60min

14. 装配式混凝土结构纵向钢筋采用套筒灌浆连接时，套筒之间的净距不应小于（　　）。

A. 20mm　　　　　B. 25mm　　　　　C. 30mm　　　　　D. 35mm

15. 当采用套筒灌浆连接或浆锚搭接连接时，预制剪力墙底部接缝宜设置在楼面标高处。接缝高度不宜小于（　　）。

A. 10mm　　　　　B. 20mm　　　　　C. 30mm　　　　　D. 40mm

16. 采用套筒灌浆连接钢筋时，钢筋直径不宜小于（　　）。

A. 10mm　　　　　B. 12mm　　　　　C. 14mm　　　　　D. 16mm

17. 套筒就位时两侧构件钢筋偏差不得大于 ±（　　）mm。

A. 2　　　　　　　B. 3　　　　　　　C. 4　　　　　　　D. 5

18. 钢筋套筒就位时两钢筋相距间隙不得大于（　　）。

A. 10　　　　　　B. 20　　　　　　　C. 30　　　　　　　D. 40

19. 钢筋套筒灌浆连接材料有灌浆套筒、（　　）、灌浆料。

A. 钢筋　　　　　B. 灌浆料　　　　　C. 模板　　　　　D. 脚手架

20. 钢筋套筒灌浆连接，是指在预制混凝土构件内预埋的（　　）中插入带肋钢筋并灌注水泥基灌浆料而实现的钢筋连接方式。

A. 木质套筒　　　B. 金属套筒　　　　C. 水泥套筒　　　　D. 塑料套筒

21. 当预制构件中钢筋的混凝土保护层厚度大于（　　）mm 时，宜对钢筋的混凝土保护层采取有效的构造措施。

A. 15　　　　　　B. 20　　　　　　　C. 35　　　　　　　D. 50

二、多选题

1. 常见的套筒灌浆方法有（　　）。

A. 分仓法　　　　B. 坐浆法　　　　　C. 全灌浆法　　　　D. 回灌法

E. 真空法

2. 下列选项中，关于钢筋套筒灌浆连接用灌浆料性能要求的说法正确的是（　　　）。

A. 灌浆料的流动度初始值不小于 300mm

B. 灌浆料的泌水率不大于 3%

C. 灌浆料的流动度在 30min 后不小于 260mm

D. 灌浆料的 1d 抗压强度不小于 30MPa

E. 灌浆料的 28d 抗压强度不小于 85MPa

3. 下列选项中，属于灌浆料制备设备的是（　　　）。

A. 手提式搅拌机　　　B. 电动灌浆泵　　　　C. 搅拌筒　　　　D. 手动灌浆枪

E. 电子称

4. 钢筋套筒灌浆连接材料有（　　　）。

A. 灌浆套筒　　　　　B. 钢筋　　　　　　　C. 灌浆料　　　　D. 模板

E. 脚手架

5. 预制剪力墙竖向钢筋在采用套筒灌浆连接时，可根据（　　　）合理确定采用套筒灌浆连接技术的钢筋数量。

A. 构件类型　　　　　B. 钢筋数量　　　　　C. 截面尺寸　　　　D. 直径大小

E. 模板形状

三、判断题

1. 灌浆套筒施工前需先检查套筒内是否有杂物，若有杂物，可用水枪冲洗。（　　　）

2. 钢筋灌浆套筒按 1000 个为一个检验批。（　　　）

3. 钢筋灌浆料的要求有早强、快强、无收缩。（　　　）

4. 钢筋套筒灌浆连接主要适用于装配整体式混凝土结构的预制剪力墙、预制柱等预制构件的纵向钢筋连接。（　　　）

5. 注浆过程中应尽快将注浆料用完，越快越好。（　　　）

6. 加料后开动灌浆泵，控制灌浆料流速在 1.2～1.5L/min。（　　　）

7. 钢筋套筒灌浆连接，是指在预制混凝土构件内预埋的金属套筒中插入带肋钢筋并灌注水泥基灌浆料而实现的钢筋连接方式。（　　　）

Chapter 10

任务**10**

ALC板吊装施工

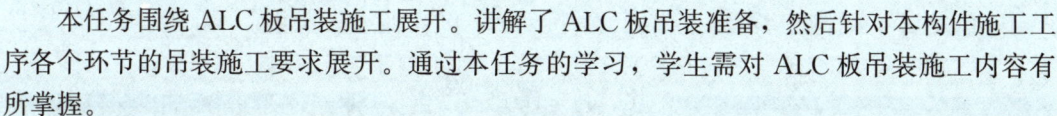

学习目标

本任务围绕 ALC 板吊装施工展开。讲解了 ALC 板吊装准备，然后针对本构件施工工序各个环节的吊装施工要求展开。通过本任务的学习，学生需对 ALC 板吊装施工内容有所掌握。

能力目标

通过本任务的学习，能制定 ALC 板吊装施工方案并进行技术指导。

思政目标

明确培养"德才兼备"中国特色社会主义合格建设者的总目标。在强调知识技能的同时，思想政治素质不容忽视。吊装施工直接关系到人民生命财产安全，将来的建设者需要明确自身责任；注重吊装施工过程的施工质量与安全。

任务导入

本工程为宁波市某工程，内隔墙 1～4 层采用 150mm 厚、5～26 层采用 100mm 厚，外隔墙采用 150mm 厚蒸压加气轻质混凝土板材（ALC 墙板）。本项目主要任务是根据施工图完成 ALC 板安装施工。

任务分解：

（1）吊装准备；

（2）吊装施工。

思维导图

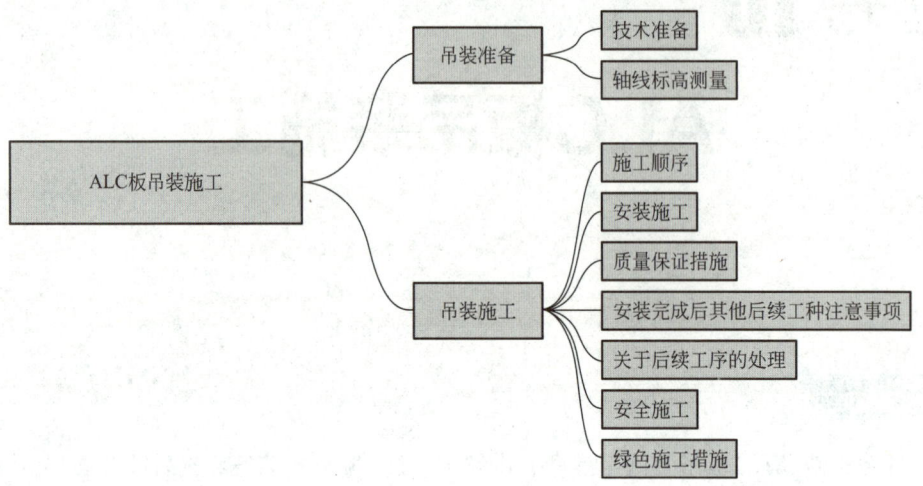

10.1 吊装准备

任务引入

　　在 ALC 墙板安装施工前，需做好两个准备，一是熟悉项目概况，对 ALC 墙板安装施工图进行阅读，提取工程相关各项参数，如构件编号、构件名称等，便于构件的选定，提高安装速度；二是熟悉施工组织设计，掌握施工工艺流程，合理安排安装。

任务实施

10.1.1 技术准备

1. 工艺图纸准备

（1）开工前熟悉图纸，明确选用隔墙条板的种类和轴线分布，墙体的厚度要求、门窗分布位置和洞口尺寸，管线分布位置和开槽尺寸，做到生产、施工有理可依、有据可循。

（2）明确条板隔墙的使用功能要求，有无防水、吊挂重物要求及应采取的措施等。

（3）规定条板隔墙的防火、隔声指标等。

（4）明确条板隔墙的抗冲击、抗震功能要求。

2. 工具和设备准备

板材垂直水平运输工具、吊装带、安装工具切割锯、射钉枪、撬杠、线锤、墨斗、铝合金靠尺、卷尺、马凳等。

3. 材料准备

（1）主材

蒸压轻质加气混凝土板依照图纸及现场实际尺寸测量，进行排板计算。然后安排生产，到现场对号入座安装。材料进场码放位置及施工道路应平整、通畅。堆放时距板两端 1/5 处用垫木或加气砖垫平，每垛不能超过 2m。

（2）辅材

水泥、中砂、粘结石膏、U 形钢卡、管板、梯形钢插板。所有铁件为镀锌件。

4. 方案准备

（1）内墙板

采用横向和竖向排板两种安装方式。

横装板（横向）：门窗口采用横装板，板两端采用梯形钢插板连接固定。

竖装板（竖向）：墙体采用竖装板，上端节点采用 U 形钢卡固定，下端木楔固定（下楔上顶挤浆法），干硬性砂浆填实。

（2）外墙板

外墙采用内隔墙安装方法，板材下端用管板龙骨固定。

10.1.2　轴线标高测量

1. 轴线控制点布置

在顶部混凝土梁、楼板、两侧混凝土柱以及门窗洞口弹出位置控制线，用于控制整个墙面的垂直度、平整度、门窗洞口的位置。

2. 标高设置

在楼面上 50cm 处弹出标高控制线，用于控制墙板的标高。

思考与讨论

ALC 板的安装工具有哪些？

10.2　吊装施工

任务引入

　　ALC 隔墙板安装分为横装板及竖装板，通常固定两端。ALC 隔墙板常用固定法为 U 形卡法、管卡法及勾头螺栓法。其中勾头螺栓法因需要焊接，故主要用于钢结构工程。

💡 **任务实施**

10.2.1　施工顺序

ALC 隔墙板吊装施工工作流程为：结构墙面、地面、顶面清理→放线→配板→安装 U 形卡→配制粘结剂→安装隔墙板→板面处理→报验。

8. ALC 墙板吊装

10.2.2 安装施工

1. 结构墙面、地面、顶面清理

清理隔墙板与顶面、地面、墙面的结合部，将浮灰、矿、土等物清除干净，凡凸出墙面的砂浆，混凝土块等必须剔除并扫净。

2. 放线

根据设计位置在地面、墙面及顶面，弹好隔墙水平双面边线及门窗洞口线。弹出立面垂直线，弹出顶面连接线，并按板宽分档。外墙要先检查墙面垂直，找出窗口位置，按控制线及图纸找出定位线拉铁丝。要先检查墙柱是否在同一条直线上，经总包方同意后，再确定安装位置。

3. 配板

板的长度应按楼层结构净高尺寸减去 20～40mm。计算并测量门窗洞口上部及窗口下部的隔墙板尺寸。当板的宽度与隔墙的长度不相适应时，应将部分隔墙板预先拼接成合适的宽度放置在阴角处。有缺陷的板应修补。

4. 安装 U 形卡

按设计要求用 U 形卡固定条板的顶端。在两块条板顶端拼缝之间用射钉枪将 U 形卡固定在结构梁和板上。

5. 配制粘结剂

粘结剂要随配随用。配制的粘结剂应在 30min 内用完。

6. 安装隔墙板

安装前先作排板平面图，并列出板就位顺序，尽量减少和避免在隔墙的垂直方向嵌入数量，以保证拼缝的粘结质量。

（1）安装无槽口隔墙板前，应在已就位的隔墙板侧面涂抹粘结剂。涂抹量以板缝挤出粘结剂为宜。缝宽应控制在 1～5mm 之内，特殊情况下板缝大者必须粘结满缝。

（2）墙板与柱墙的连接也可采用粘结剂连接，要求接缝处粘结剂均匀饱满。

（3）墙板安装一般采用竖装板（门窗口过梁板除外）内外墙板安装顺序应从与墙的结合处开始，依次顺序安装。板侧清刷浮灰，在墙面板的侧面（相拼合面）刮满粘结剂，将板立起，一个人在一侧推挤，另一个人在板下端用撬棍撬起板底端，将板顶起上下运动，直至板与板挤紧。但必须用粘结剂捻实。板上端安装前先抹粘结剂，把粘结剂挤出浆后刮平。用 2m 靠尺及塞尺测量墙面的平整度，用 2m 托线板检查板的垂直度，检查条板是否对准预先在顶面和地面上弹好的定位线，无误后，用木楔自底端挤紧顶实，但不得过紧，然后撤出撬棍。在墙体粘缝没有产生一定强度前，严禁碰撞振动，以免板缝错动开裂。

（4）门口上部过梁板应最后安放，安放时先在门洞两侧条板上切锯出跟板厚相同的尺寸宽的搭肩口，然后量出过梁板的实际尺寸。安放时用两只小木楔在拼缝中做临时固定，在垂直缝中打入梯形钢插板，而后撤出木楔用粘结剂勾捻密实。门口两侧尽可能安装整板。有缺棱掉角要及时粘结石膏进行修补，修补前先浇水湿润。粘结完毕的墙体，应用 1∶2.5 干硬性水泥砂浆将板下端堵严，3d 后撤去板下木楔，并用同等强度的干硬砂浆塞实。

10.2.3 质量保证措施

1. 严格执行"三检"制度，即自检，互检，专检。严格按相关标准规范验收，做好检验记录，填表报验，不合标准的坚决整改。

2. 配足必要的施工机械，大小切割机、电焊机、冲击钻、平车和台车及其他专用设备。

3. 认真贯彻"百年大计，质量第一"的方针，切实做到精心组织，文明施工，要贯彻"谁施工谁负责"的原则。搞好人员组织，配备足量施工人员，合理分组，明确分工和职责，奖罚分明。

4. 认真熟悉图纸和现场，搞好二级技术交底。

5. 认真做好ALC板材进场报验，有损坏的按规定进行修补，按规定堆放。

6. 严格按照图纸施工，严格按照有关规程、设计图纸及施工方案施工，禁止随意变更和违规操作，工程变更按规定程序办理。

10.2.4　安装完成后其他后续工种注意事项

1. 电工板上开槽：待隔墙达到整体强度后，方可进行钻孔、开槽工作。在ALC板上开槽时，应沿板的纵向切槽，深度不大于1/3板厚度。当必须沿板的横向切槽时，槽宽不大于30mm深度不大于1/3板厚度。管线安装后，要用聚合物水泥砂浆把线槽补平，不能一次补平，补前先浇水湿润。管道工开洞可用云石机根据需要划线操作。

2. 墙面板缝挂耐碱玻纤网格布，并用粉刷石膏或聚合物砂浆找平。

在做粉刷刮腻子前，板缝、阴阳角缝以及和梁、柱交接处应先清理浮灰，刷一遍801胶后，再应用石膏腻子粘贴4.0mm×4.0mm的方孔耐碱玻纤网格布，宽100mm，阴阳角200mm宽。

3. 墙面抹灰和刮腻子前，应清理浮灰。卫生间要做防水，做防水前应先抹一遍聚合物水泥砂浆。内墙面若抹灰最好选用粉刷石膏。做抹灰前应先浇水湿润。刮腻子先用石膏找平。刮腻子前不要浇水。

4. 墙上挂轻物时可用尼龙胀栓，挂重物时，要用对穿螺栓固定。门窗框固定可用尼龙胀栓自攻钉施工操作。

10.2.5　关于后续工序的处理

1. 根据国家规范技术要求，在板与板、板与梁柱交接处、阴角阳角、门窗过梁板与门窗框交接处、板面走水电线管处必须粘贴100～200mm的耐碱玻纤网格布。

2. 门窗洞口等经常活动的地方，过梁横板与洞口两侧的竖板交接处应斜向粘贴150mm宽耐碱玻纤网格布。

3. 根据规范要求，轻质隔墙须整墙满挂横铺耐碱玻纤网格布。

4. 蒸压加气混凝土产品，根据相关技术规程的要求，建议用内墙满挂2mm以内聚合物砂浆或粉刷石膏作为找平措施取代一般腻子找平。

10.2.6　安全施工

1. 坚决贯彻执行《建设工程安全生产管理条例》。实行项目安全责任制。

2. 加强安全教育，树立安全第一思想，人人熟悉安全操作规程。

3. 进入工地必须戴安全帽，并系好安全带。不能穿拖鞋。临墙施工要佩戴好安全带方可施工。严禁冒险作业，保证高空作业安全。

4. 机械设备不能带"病"作业，上班前要检查机械是否运转。经常检查配电箱、电焊机、切割机等电气设备及线路，禁止使用破损电线。禁止乱拉接线，防止设备损坏伤人和漏电伤人。

5. 严禁酒后作业，严禁施工中打闹玩笑，严禁抛丢工具材料。

6. 建筑垃圾要及时清理。要保持施工现场文明干净。施工现场不能随地大小便。

7. 工人进场要进行安全教育，并签安全协议书。并设置专门安全员负责安全工作。

10.2.7　绿色施工措施

倡导绿色化生产，在保证质量和进度的前提下，采取一系列措施，减少浪费、节约材料、保护环境，目标损耗率降低到2%。

1. 粘结剂不得遗撒，污染作业面。

2. 施工垃圾应每天清理至砌筑垃圾房（池）或堆放在指定的地点。

3. 落地灰应随施工随清理，做到工完场清。

4. 粘结剂进场后必须专人保管，固定地点存放，加盖篷布，随取随覆盖，以免粉尘飞扬，污染环境。

5. 搅拌用水使用现场周边降水井抽取的地下水，严禁使用生活用水，减少水污染。

6. 施工作业前先合理配板，优化配板方案，减少板材的裁剪，减少浪费。

7. 现场固定使用的木楔，应使用现场主体施工时所产生的方木废料进行加工，严禁用超过半米的方木加工。

思考与练习

一、单选题

1. ALC板堆放时距板两端1/5处用垫木或加气砖垫平，每垛不能超过（　　）m。

A. 1.5　　　　B. 2　　　　C. 2.5　　　　D. 3

2. 轴线标高应设置在楼面上（　　）处弹出标高控制线，用于控制墙板的标高。

A. 30cm　　　　B. 45cm　　　　C. 50cm　　　　D. 60cm

3. 下列选项中关于墙板吊装的工作流程正确的是（　　）。

A. 结构墙面、地面、顶面清理→放线→配板→安装U形卡→配制粘结剂→安装隔墙板→板面处理→报验

B. 结构墙面、地面、顶面清理→放线→配板→配制粘结剂→安装U形卡→安装隔墙板→板面处理→报验

C. 结构墙面、地面、顶面清理→放线→配制粘结剂→安装U形卡→配板→安装隔墙板→板面处理→报验

D. 结构墙面、地面、顶面清理→放线→配板→安装隔墙板→安装U形卡→配制粘结剂→板面处理→报验

4. 外墙板采用（　　）安装方法。

A. 内隔墙　　　B. 横装板　　　C. 竖装板　　　D. 以上都行

5. 安装无槽口隔墙板前，应在已就位的隔墙板侧面涂抹粘结剂。涂抹量以板缝挤出粘结剂为宜。缝宽应控制在（　　）之内，特殊情况下板缝大者必须粘结满缝。

A. 5～10mm　　　B. 10～15mm　　　C. 1～5mm　　　D. 15～20mm

6. 门口两侧尽可能安装整板，有缺棱掉角要及时粘结石膏进行修补，修补前先浇水湿润。粘结完毕的墙体，应用（　　）将板下端堵严。

A. 1：2 干硬性水泥砂浆　　　　　　B. 1：2.5 干硬性水泥砂浆

C. 1：3 干硬性水泥砂浆　　　　　　D. 1：2.5 水泥砂浆

7. 当墙板与钢丝绳的夹角小于（　　）时应采用钢梁，安装缆风绳防止墙板在落位时与其他外墙及外挂架发生碰撞。

A. 30°　　　　　B. 45°　　　　　C. 60°　　　　　D. 90°

8. ALC板安装毕后，对缺棱掉角、开槽（孔）凹陷部位进行修补，修补剂应用（　　）。

A. ALC 板专用修补砂浆　　　　　　B. 高一级水泥砂浆

C. 相同等级水泥砂浆　　　　　　　D. 干硬性水泥砂浆

9. ALC隔墙板常用固定法为U形卡法、管卡法及勾头螺栓法，其中勾头螺栓法因需要焊接故主要用于（　　）工程。

A. 钢模结构　　　B. 膜结构　　　C. 钢结构　　　D. 以上都可以

10. ALC板材料进场码放位置及施工道路应平整，通畅。堆放时距板两端（　　）处用垫木或加气砖垫平。

A. 1/3　　　　　B. 1/5　　　　　C. 1/6　　　　　D. 1/8

二、多选题

1. 待隔墙达到整体强度后，方可进行钻孔、开槽工作，在 ALC 板开槽需要满足（　　）要求。

A. 应沿板的纵向切槽，深度不大于1/3 板厚度

B. 应沿板的纵向切槽，深度不大于1/4 板厚度

C. 当必须沿板的横向切槽时，槽宽不大于 30mm 深度不大于 1/3 板厚度

D. 当必须沿板的横向切槽时，槽宽不大于 25mm 深度不大于 1/3 板厚度

E. 板的纵横向切槽，深度不大于 1/4 板厚度

2. 安装隔墙板正确的做法有（　　）。

A. 安装前先做排板平面图，并列出板就位顺序

B. 安装无槽口隔墙板前，应在已就位的隔墙板侧面涂抹粘结剂

C. 内外墙板安装顺序应从与墙的结合处开始，依次顺序安装

D. 门口上部过梁板应最后安放

E. 墙板安装均采用竖装板

三、判断题

1. 内墙板常采用横向和竖向排板两种安装方式。　　　　　　　　　　　　（　　）

2. 板的长度应按楼层结构净高尺寸减去 20～40mm。　　　　　　　　　　（　　）

3. 当板的宽度与隔墙的长度不相适应时，应将部分隔墙板预先拼接成合适的宽度放置在阳角处。　　　　　　　　　　　　　　　　　　　　　　　　　　　　　（　　）

4. 粘结剂要随配随用，配置的粘结剂应在 25min 内用完。　　　　　　　　（　　）

5. 外墙采用内隔墙安装方法，板材下端用管板龙骨固定。　　　　　　　　（　　）

任务 11

Chapter 11

PC工程质量检验

学习目标

本章节内容围绕 PC 工程质量检验展开。讲解了工程验收的依据和划分，然后针对 PC 工程各验收项目、验收规定及验收标准展开。通过本章节的学习，学生需对 PC 工程质量验收项目有所了解，重点要掌握验收的方法及验收的标准。

能力目标

通过本任务的学习，能做好 PC 工程质量检验和验收归档工作。

思政目标

强化学生的工程质量责任意识，质量重于泰山，引导学生以一丝不苟的态度、精益求精的追求做好工程质量检验工作。

从 PC 工程验收的划分、主控项目、一般项目、PC 结构实体检验等环节的质量检验要求让学生更好地把握 PC 工程施工的细节性知识，让学生更加关注每一个施工环节的注意事项。

任务导入

工程验收是指工程施工阶段的验收。

有些非结构项目与 PC 构件及其安装有关，在 PC 工程验收时应一并考虑。这些项目包括：PC 幕墙、PC 构件接缝密封防水、与 PC 构件一体化的外饰面、PC 隔墙、与 PC 构件一体化的门窗、与 PC 构件一体化的外墙保温、设置在 PC 构件中的避雷带、设置在 PC 构件的电线通信线导管、与 PC 构件有关的给水排水、暖通空调和装修的预埋件或预留设置等。

思维导图

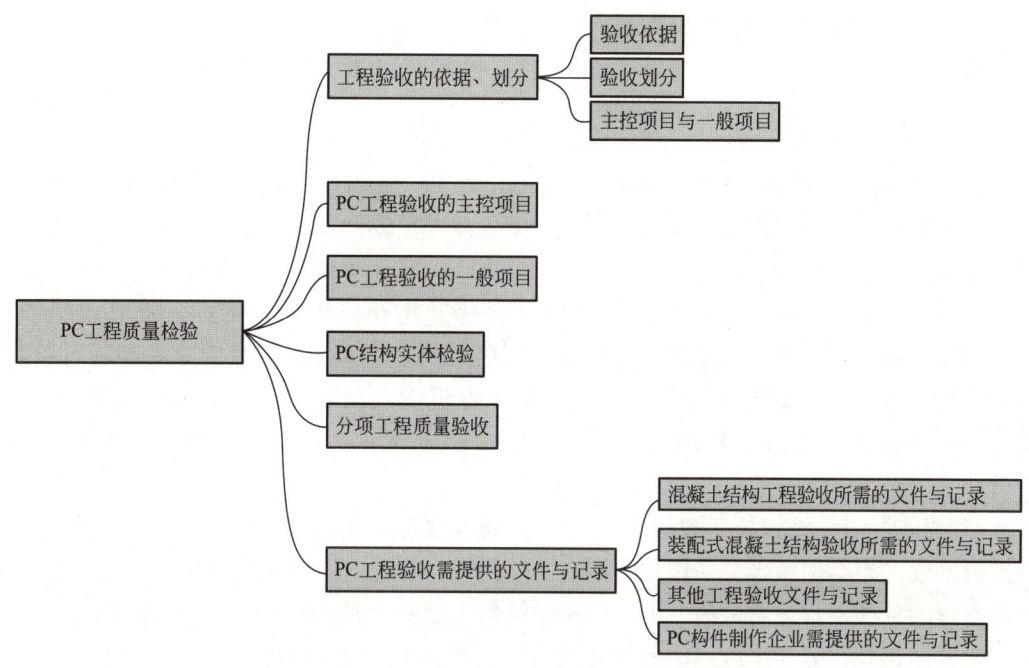

11.1　工程验收的依据、划分

任务实施

11.1.1　验收依据

PC 工程即装配整体式混凝土结构工程验收的主要依据包括：

1. PC 装配式结构

《混凝土结构工程施工质量验收规范》GB 50204—2015；

《装配式混凝土结构技术规程》JGJ 1—2014；

《建筑工程施工质量验收统一标准》GB 50300—2013；

《钢筋套筒灌浆连接应用技术规程》JGJ 355—2015。

2. PC 隔墙、PC 装饰一体化、PC 构件一体化门窗

《建筑装饰装修工程质量验收标准》GB 50210—2018；

《外墙饰面砖工程施工及验收规程》JGJ 126—2015。

3. 与 PC 构件一体化的保温节能

《外墙外保温工程技术标准》JGJ 144—2019。

4. 设置在 PC 构件中的避雷带和电线通信线穿线导管

《建筑物防雷工程施工与质量验收规范》GB 50601—2010；

《建筑电气工程施工质量验收规范》GB 50303—2015。

5. 工程档案

《建设工程文件归档规范（2019 年版）》GB/T 50328—2014。

6. 工程所在地关于 PC 的地方标准

浙江省地方标准《装配式建筑评价标准》DB33/T 1165—2019 等。

11.1.2 验收划分

《建筑工程施工质量验收统一标准》GB 50300—2013 将建筑工程质量验收分为单位工程、分部工程、分项工程和检验批验收。其中分部工程较大或较复杂时，可划分为若干子分部工程。

质量验收划分不同，验收抽样、要求、程序和组织都不同。例如，就验收组织而言，对于分项工程，由专业监理工程师组织施工单位项目专业技术负责人等进行验收；对于分部工程，则由总监理工程师组织施工单位负责人和项目技术负责人等进行验收。设计单位项目负责人和施工单位技术、质量部门负责人应参加主体结构、节能分部工程的验收。

《装配式混凝土结构技术规程》JGJ 1—2014 中规定，装配式结构应按混凝土结构子分部进行验收；当结构中部分采用现浇混凝土结构时，装配式结构部分可作为混凝土结构子分部工程的分项工程进行验收。但《混凝土结构工程施工质量验收规范》GB 50204—2015 将装配式建筑划为分项工程，因此装配式结构应按分项工程进行验收。

11.1.3 主控项目与一般项目

工程检验项目分为主控项目验收和一般项目验收。

建筑工程中对安全、节能、环境保护和主要使用功能起决定性作用的检验项目为主控项目。除主控项目以外的检验项目为一般项目。主控项目和一般项目的划分应当符合各专业有关规范的规定。

11.2 PC 工程验收的主控项目

1. 后浇混凝土强度应符合设计要求。

检查数量：按批检验，检验批应符合《装配式混凝土结构技术规程》JGJ 1—2014 第12.3.7 条的有关要求。

检验方法：按《混凝土强度检验评定标准》GB/T 50107—2010 的要求进行。

2. 钢筋套筒灌浆连接及浆锚搭接连接的灌浆应密实饱满，所有出浆口均应出浆。

检查数量：全数检查。

检验方法：检查灌浆施工质量检查记录。

3. 钢筋套筒灌浆连接及浆锚搭接连接用的灌浆料应满足设计要求。

检查数量：按批检验，以每层为一检验批；每工作班应制作一组且每层不应少于 3 组 40mm×40mm×160mm 的长方体试件，标准养护 28d 后进行抗压强度试验。

检验方法：检查灌浆料强度试验报告及评定记录。

4. 剪力墙底部接缝坐浆强度应满足设计要求。

检查数量：按批检验，以每层为一检验批；每工作班应制作一组且每层不应少于 3 组边长为 70.7mm 的立方体试件，标准养护 28d 后进行抗压强度试验。

检验方法：检查坐浆材料强度试验报告及评定记录。

5. 钢筋采用焊接连接时，其焊接质量应符合现行行业标准《钢筋焊接及验收规程》JGJ 18—2012 的有关规定。

检查数量：按现行行业标准《钢筋焊接及验收规程》JGJ 18—2012 的规定确定。

检验方法：检查钢筋焊接施工记录及平行加工试件的强度试验报告。

6. 钢筋采用机械连接时，其接头质量应符合现行行业标准《钢筋机械连接技术规程》JGJ 107—2016 的有关规定。

检查数量：按现行行业标准《钢筋机械连接技术规程》JGJ 107—2016 的规定确定。

检验方法：检查钢筋机械连接施工记录及平行加工试件的强度试验报告。

7. 预制构件采用焊接连接时，钢材焊接的焊缝尺寸应满足设计要求，焊缝质量应符合现行国家标准《钢结构焊接规范》GB 50661—2011 和《钢结构工程施工质量验收标准》GB 50205—2020 的有关规定。

检查数量：全数检查。

检验方法：按现行国家标准《钢结构工程施工质量验收标准》GB 50205—2020 的要求进行。

11.3　PC 工程验收的一般项目

1. 装配式结构的尺寸允许偏差应符合设计要求

检查数量：按楼层、结构缝或施工段划分检验批。在同一检验批内，对梁、柱，应抽查构件数量的 10%，且不少于 3 件；对墙和板，应按有代表性的自然件抽查 10%，且不少于 3 件。对于大空间结构，墙可按相邻轴线间高度 5m 左右划分检查面，板可按纵、横轴线划分检查面，抽查 10%，且均不少于 3 面。

2. 外墙板接缝的防水性能应符合设计要求

检查数量：按批检验。每 1000m² 外墙面积应划分为一个检验批，不足 1000m² 时也应划分为一个检验批；每个检验批每 100m² 应至少抽查一处，每处不得少于 10m²。

检验方法：检查现场淋水试验报告。

3. 其他相关项目的验收

(1) PC 构件上的门窗应满足《建筑装饰装修工程质量验收标准》GB 50210—2018 中第 5 章的相关要求。

(2) PC 轻质隔墙应满足《建筑装饰装修工程质量验收标准》GB 50210—2018 中第 7 章的相关要求。

(3) 设置在 PC 构件的避雷带应满足《建筑物防雷工程施工与质量验收规范》GB 50601—2010 中的相关要求。

(4) 设置在 PC 构件的电气通信穿线导管应满足《建筑电气工程施工质量验收规范》GB 50303—2015 中的相关要求。

（5）PC装饰一体化的装饰装修应满足《建筑装饰装修工程质量验收标准》GB 50210—2018 及《建筑节能工程施工质量验收标准》GB 50411—2019 中的相关要求。

（6）PC构件接缝的密封胶防水工程应参照《点挂外墙板装饰工程技术规程》JGJ 321—2014 中的相关要求。

11.4 PC 结构实体检验

（1）装配式混凝土结构子分部工程分段验收前，应进行结构实体检验。结构实体检验应由监理单位组织施工单位实施，并见证实施过程。参照《混凝土结构工程施工质量验收规范》GB 50204—2015 相关规定。

（2）结构实体检验应包括混凝土强度、钢筋保护层厚度、结构位置与尺寸偏差以及合同约定的项目，必要时可检验其他项目，除结构位置与尺寸偏差外的结构实体检验项目，应由具有相应资质的检测机构完成。预制构件实体性能检验报告应由构件生产单位提交施工总承包单位，并由专业监理工程师审查备案。

（3）钢筋保护层厚度、结构位置与尺寸偏差按照《混凝土结构工程施工质量验收规范》GB 50204—2015 执行。

（4）预制构件现浇接合部位实体检验应进行以下项目检测：

1）接合部位的钢筋直径、间距和混凝土保护层厚度。

2）接合部位的后浇混凝土强度。

（5）对预制构件混凝土、叠合梁、叠合板后浇混凝土和灌浆体的强度检验，应以在浇筑地点制备并与结构实体同条件养护的试件强度为依据。混凝土强度检验用同条件养护试件的留置、养护和强度代表值应按《混凝土结构工程施工质量验收规范》GB 50204—2015 附录 D 的规定进行，也可按国家现行标准规定采用非破损或局部破损的检测方法检测。

（6）当未能取得同条件养护试件强度或同条件养护试件强度被判为不合格，应委托具有相应资质等级的检测机构按国家有关标准的规定进行检测。

11.5 分项工程质量验收

（1）装配式混凝土结构分项工程施工质量验收合格，应符合下列规定：

1）所含分项工程验收质量应合格。

2）有完整的全过程质量控制资料。

3）结构观感质量验收应合格。

4）结构实体检验应符合第 11.4 节的要求。

（2）当装配式混凝土结构分项工程施工质量不符合要求时，应按下列要求进行处理：

1）经返工、返修或更换构件、部件的检验批，应重新进行检验。

2）经有资质的检测单位检测鉴定达到设计要求的检验批，应予以验收。

3）经有资质的检测单位检测鉴定达不到设计要求，但经原设计单位核算并确认仍可满足结构安全和使用功能的检验批，可予以验收。

4）经返修或加固处理能够满足结构安全使用要求的分项工程，可根据技术处理方案和协商文件进行验收。

（3）PC 装配式建筑的饰面质量主要是指饰面与混凝土基层的连接质量，对面砖主要检测其拉拔强度，对石材主要检测其连接件受拉和受剪承载力。其他方面涉及外观和尺寸偏差等应按照《建筑装饰装修工程质量验收标准》GB 50210—2018 的有关规定进行验收。

11.6　PC 工程验收需提供的文件与记录

工程验收需要提供文件与记录，以保证工程质量实现可追溯性的基本要求。按照《混凝土结构工程施工质量验收规范》GB 50204—2015 的规定提供文件与记录；符合《装配式混凝土结构技术规程》JGJ 1—2014 中关于装配式混凝土结构工程验收需要提供的文件与记录规定；其他文件与记录等。

11.6.1　混凝土结构工程验收所需的文件与记录

（1）设计变更文件。

（2）原材料质量证明文件和抽样复检报告。

（3）预拌混凝土的质量证明文件和抽样复检报告。

（4）钢筋接头的试验报告。

（5）混凝土工程施工记录。

（6）混凝土试件的试验报告。

（7）预制构件的质量证明文件和安装验收记录。

（8）预应力筋用锚具、连接器的质量证明文件和抽样复检报告。

（9）预应力筋安装、张拉及灌浆记录。

（10）隐蔽工程验收记录。

（11）分项工程验收记录。

（12）结构实体检验记录。

（13）工程的重大质量问题的处理方案和验收记录。

（14）其他必要的文件和记录。

11.6.2　装配式混凝土结构工程验收所需的文件与记录

（1）工程设计文件、预制构件制作和安装的深化设计图。

（2）预制构件、主要材料及配件的质量证明文件、现场验收记录、抽样复检报告。

（3）预制构件安装施工记录。

（4）钢筋套筒灌浆、浆锚搭接连接的施工检验记录。

（5）后浇混凝土部位的隐蔽工程检查验收文件。

（6）后浇混凝土、灌浆料、坐浆材料强度检测报告。

（7）外墙防水施工质量检验记录。

（8）装配式结构分项工程质量验收文件。

（9）装配式工程的重大质量问题的处理方案和验收记录。

（10）装配式工程的其他文件和记录。

11.6.3　其他工程验收文件与记录

如在装配式混凝土结构工程中，灌浆最为重要，辽宁省地方标准《装配式混凝土结构构件制作、施工与验收规程》DB21/T 2568—2020特别规定需要钢筋连接套筒、水平拼缝部位灌浆施工全过程记录文件（含影像资料）。

11.6.4　PC构件制作企业需提供的文件与记录

PC构件制作环节的文件与记录是工程验收文件与记录的一部分，包括：

（1）经原设计单位确认的预制构件深化设计图、变更记录。

（2）钢筋套筒灌浆连接、浆锚搭接连接的型式检验合格报告。

（3）预制构件混凝土用原材料、钢筋、灌浆套筒、连接件、吊装件、预埋件、保温板等产品合格证和复检试验报告。

（4）灌浆套筒连接接头抗拉强度检验报告。

（5）混凝土强度检验报告。

（6）预制构件出厂检验表。

（7）预制构件修补记录和重新检验记录。

（8）预制构件出厂质量证明文件。

（9）预制构件运输、存放、吊装全过程技术要求。

（10）预制构件生产过程台账文件。

思考与练习

一、单选题

1. 不超过（　　）个同类型预制构件为一批，进行结构性能检验。

A. 100　　　　B. 200　　　　C. 500　　　　D. 1000

2. 外墙防水层完工后应进行验收，防水验收应在雨后或持续淋水实验（　　）h后进行。

A. 1　　　　B. 1.5　　　　C. 2　　　　D. 2.5

3. 套筒灌浆连接端用于钢筋锚固的深度不宜小于插入钢筋直径的（　　）倍。

A. 1.5　　　　B. 2　　　　C. 6　　　　D. 8

4. 钢筋套筒灌浆连接接头的抗拉强度不应小于连接钢筋抗拉强度标准值，且破坏时应断于（　　）。

A. 接头外钢筋　　B. 接头内钢筋　　C. 套筒本体　　D. 接头处

5. 采用临时支撑时，每个预制构件的临时支撑不宜少于（　　）道。

A. 2　　　　B. 3　　　　C. 4　　　　D. 6

6. 采用靠放架直立堆放的预制墙板宜对称靠放、饰面朝外，倾斜角度不宜小于（　　）。

A. 45°　　　　B. 60°　　　　C. 80°　　　　D. 90°

7. 预埋吊件、临时支撑的施工验算，采用安全系数法进行设计，其中普通预埋吊件的施工安全系数应取（　　）。

A. 2　　　　　　　B. 3　　　　　　　C. 4　　　　　　　D. 5

8. 由施工单位或构件生产企业完成的深化设计文件应经（　　　）确认后才能进入生产环节。

A. 建设单位　　　　　　　　　　B. 监理单位

C. 有资质的设计单位　　　　　　D. 原设计单位

二、多选题

1. 原材料入场要把控好质量，重点检查"三证"，"三证"指的是（　　　）。

A. 产品合格证　　　B. 检验报告　　　C. 使用说明书　　　D. 营业执照

E. 质量保证书

2. 对预应力构件施工，下列叙述正确的有（　　　）。

A. 承担预应力施工的单位应具有相应的施工资质

B. 张拉设备的校准期限不得超过 1 年，且不得超过 300 次张拉作业

C. 预应力用锚具、夹具和连接器张拉前应进行检验

D. 锚固完毕经检验合格后，方可使用电弧焊切割端头多余的预应力筋

E. 封锚混凝土的强度应符合设计要求，不可低于结构混凝土强度等级

3. 对埋入灌浆套筒的构件，应有（　　　）。

A. 灌浆套筒、灌浆料的型式检验报告

B. 套筒外观进场检验报告

C. 第一批灌浆料进场检验报告

D. 接头工艺检验报告

E. 套筒进场力学性能检验报告

三、判断题

1. 预制构件交付时应提供隐蔽工程质量验收表。　　　　　　　　　　　（　　　）

2. 预制构件交付时应提供成品构件质量验收表。　　　　　　　　　　　（　　　）

3. 预制构件交付时应提供留样检验报告。　　　　　　　　　　　　　　（　　　）

4. 梁构件验收重点检查预制构件的尺寸是否与框架梁的位置相符。　　　（　　　）

5. 外墙防水层完工后应进行验收，防水验收应在雨后或持续淋水试验 12h 后进行。

　　　　　　　　　　　　　　　　　　　　　　　　　　　　　　　　（　　　）

参考文献

[1] 中华人民共和国住房和城乡建设部. 普通混凝土拌合物性能试验方法标准：GB/T 50080—2016 [S]. 北京：中国建筑工业出版社，2017.

[2] 中华人民共和国住房和城乡建设部. 水泥基灌浆材料应用技术规范：CB/T 50448—2015 [S]. 北京：中国建筑工业出版社，2015.

[3] 中华人民共和国住房和城乡建设部. 混凝土结构工程施工质量验收规范：GB 50204—2015 [S]. 北京：中国建筑工业出版社，2015.

[4] 中华人民共和国住房和城乡建设部. 混凝土结构工程施工规范：GB 50666—2011 [S]. 北京：中国建筑工业出版社，2012.

[5] 中华人民共和国住房和城乡建设部. 钢筋机械连接技术规程：JGJ 107—2016 [S]. 北京：中国建筑工业出版社，2016.

[6] 中华人民共和国住房和城乡建设部. 工程测量标准：GB 50026—2020 [S]. 北京：中国计划出版社，2021.

[7] 中华人民共和国住房和城乡建设部. 混凝土结构设计规范（2015 年版）：GB 50010—2010 [S]. 北京：中国建筑工业出版社，2011.

[8] 浙江省住房和城乡建设厅. 装配整体式混凝土结构工程施工质量验收规范：DB33/T 1123—2016 [S]. 北京：中国建筑工业出版社，2016.

[9] 中华人民共和国住房和城乡建设部. 装配式混凝土结构技术规程：JGJ 1—2014 [S]. 北京：中国建筑工业出版社，2014.

[10] 中华人民共和国住房和城乡建设部. 建筑工程施工质量验收统一标准：GB 50300—2013 [S]. 北京：中国建筑工业出版社，2014.

[11] 中华人民共和国住房和城乡建设部. 钢筋套筒灌浆连接应用技术规程：JGJ 355—2015 [S]. 北京：中国建筑工业出版社，2015.

[12] 中华人民共和国住房和城乡建设部. 装配式建筑评价标准：GB/T 51129—2017 [S]. 北京：中国建筑工业出版社，2018.

[13] 中华人民共和国住房和城乡建设部. 建设工程文件归档规范（2019 年版）：GB/T 50328—2014 [S]. 北京：中国建筑工业出版社，2015.

[14] 中华人民共和国住房和城乡建设部. 钢结构工程施工质量验收标准：GB 50205—2020 [S]. 北京：中国计划出版社，2020.

[15] 中华人民共和国住房和城乡建设部. 建筑装饰装修工程质量验收标准：GB 50210—2018 [S]. 北京：中国建筑工业出版社，2018.

[16] 中华人民共和国住房和城乡建设部. 建筑电气工程施工质量验收规范：GB 50303—2015 [S]. 北京：中国建筑工业出版社，2016.

[17] 中华人民共和国住房和城乡建设部. 点挂外墙板装饰工程技术规程：JGJ 321—2014 [S]. 北京：中国建筑工业出版社，2015.

[18] 中华人民共和国住房和城乡建设部. 建筑施工高处作业安全技术规范：JGJ 80—2016 [S]. 北京：中国建筑工业出版社，2016.

[19] 陈建伟，苏幼坡. 预制装配式剪力墙结构及其连接技术 [J]. 世界地震工程，2013（01）.

[20] 李颖，李峰，邹宇，等. 预制装配式混凝土建筑施工安全和质量评估 [J]. 建筑技术，2016（04）.